전기기사·전기산업기사/공사·CS
공무원 전기직 수험생을 위한

시험에 꼭 나오는

필수 전기
공식및용어

최신 한국전기설비규정(KEC) 반영

후도 히로유키 지음, 문영철·오우진·정종연 감역, 김성훈 옮김

BM (주)도서출판 **성안당**

日本 옴사 · 성안당 공동 출간

Original Japanese Language edition
POCKET-BAN YOTEN SEIRI DENKEN SANSHU KOSHIKI & YOGOSHU DAI 2 HAN
by Hiroyuki Fudo
Copyright ⓒ Hiroyuki Fudo 2017
Published by Ohmsha, Ltd.
Korean translation rights arranged with Ohmsha, Ltd.
through Japan UNI Agency, Inc., Tokyo

Korean translation copyright ⓒ 2020 by Sung An Dang, Inc.

전기자격시험 출제내용에는 계산문제와 이론문제가 있어 각각에 맞춰 공략해야만 한다. 모든 수험자의 공통적인 고민은 '공식은 어디까지 외워야 하는가?', '이론에서 용어는 어느 정도 알아야 하는가?'라는 것이다.

 이 책은 전기자격시험 과목별로 계산문제에서 높은 빈도로 등장하는 100여 개의 테마로 된 필수 공식 및 이론을 전반에 수록하고, 이론 학습을 무리 없이 진행할 수 있도록 100여 개의 필수 용어를 후반에 수록했다.

 학습할 때는 P(Plan, 계획) → D(Do, 실행) → C(Check, 검토) → A(Action, 조치) 주기를 반복하는 것이 중요하다.

- ☑ **P** : 언제까지 학습을 마칠지 계획한다.
- ☑ **D** : 빈 시간을 활용해 착실하게 학습한다.
- ☑ **C** : 약점을 파악해 체크한다.
- ☑ **A** : 불안한 부분은 교재에서 찾아본다.

 독자마다 지식 수준이 다르지만 알고 있는 공식이나 용어를 중심축으로 지식을 확장해가는 요령으로 학습하는 게 좋다. 알지 못 했던 내용을 이해했을 때의 감동은 각별해서 그 경험은 자신감으로도 연결된다.

 이 책은 크기가 작아 휴대가 간편하므로 항상 가방 안에 넣어두고 시험 당일 직전까지 몸에서 떼지 말고 반복해서 활용하기 바란다.

 노력의 끝은 반드시 빛을 발하게 마련이다.

차례

01
전기자기학

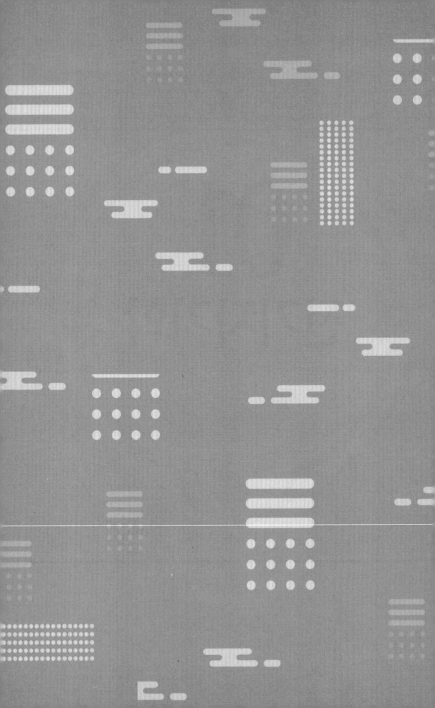

필수 공식 및
용어 해설

물리량	단위명	기호	SI 기본 단위에 의한 표시
평면각	라디안	rad	m/m
입체각	스테라디안	sr	m^2/m^2
주파수	헤르츠	Hz	$1/s$
힘	뉴턴	N	$kg \cdot m/s^2$
열량, 일, 에너지	줄	J	$J=N \cdot m=kg \cdot m^2/s^2=W \cdot s$
공률(일률), 전력	와트	W	$W=J/s=kg \cdot m^2/s^3$
압력, 응력	파스칼	Pa	$N/m^2=kg/(m \cdot s^2)$
전기량, 전하	쿨롬	C	$A \cdot s$
전압, 기전력	볼트	V	$V=W/A=kg \cdot m^2/(s^3 \cdot A)$
전계의 세기	볼트/미터*	V/m	$V/m=kg \cdot m/(s^3 \cdot A)$
전기저항	옴	Ω	$\Omega=V/A=kg \cdot m^2/(s^3 \cdot A^2)$
정전용량	패럿	F	$F=C/V=A^2 \cdot s^4/(kg \cdot m^2)$
자속	웨버	Wb	$Wb=V \cdot s=kg \cdot m^2/(s^2 \cdot A)$
자속밀도	테슬라	T	$T=Wb/m^2=kg/(s^2 \cdot A)$
자계의 세기	암페어/미터*	A/m	A/m
인덕턴스	헨리	H	$H=Wb/A=kg \cdot m^2/(s^2 \cdot A^2)$
기자력	암페어	A	A
광속	루멘	lm	$lm=cd \cdot sr$
조도	럭스	lx	$lx=lm/m^2=cd \cdot sr/m^2$
휘도	칸델라/제곱미터*	cd/m²	cd/m^2
컨덕턴스	지멘스	S	$S=1/\Omega=s^3 \cdot A^2/(kg \cdot m^2)$

* 명칭 자체도 조립되어 있는 단위

〔표〕그리스 문자와 읽는 법

대문자	소문자	읽는 법		대문자	소문자	읽는 법	
A	α	Alpha	알파	N	ν	Nu	뉴
B	β	Beta	베타	Ξ	ξ	Xi	크사이
Γ	γ	Gamma	감마	O	o	Omicron	오미크론
Δ	δ	Delta	델타	Π	π	Pi	파이
E	ε	Epsilon	엡실론	P	ρ	Rho	로
Z	ζ	Zeta	지타	Σ	σ	Sigma	시그마
H	η	Eta	이타	T	τ	Tau	타우
Θ	θ	Theta	시타	Y	υ	Upsilon	입실론
I	ι	Iota	요타	Φ	ϕ, φ	Phi	파이
K	κ	Kappa	카파	X	χ	Chi	카이
Λ	λ	Lambda	람다	Ψ	ψ	Psi	프사이
M	μ	Mu	뮤	Ω	ω	Omega	오메가

국제 단위 체계는 국제적으로 통일한 단위 체계로 SI라고도 하며, 표에 나타낸 7가지 기본 단위와 이로부터 유도된 조립 단위가 있다.

〔표〕SI 기본 단위

기본량	단위 명칭	기호	기본량	단위 명칭	기호
길이	미터	m	전류	암페어	A
질량	킬로그램	kg	온도	켈빈	K
시간	초	s	광도	칸델라	cd
물질량	몰	mol			

모든 원자는 +전기를 가진 원자핵 주위를 −전기를 가진 자유 전자가 회전하고 있어 그림과 같이 전체적으로는 중성으로, +전기도 −전기도 나타나지 않는다. 이와 같이 전기적으로 중성인 물질이 전기를 띠는 것을 대전(帶電)했다고 하고 대전된 물체를 대전체, 그리고 대전한 전기를 전하라 한다.

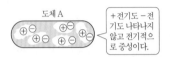

도체 A

+전기도 −전기도 나타나지 않고 전기적으로 중성이다.

전기적으로 중성인 도체에 대전체를 접근시키면 〔그림 (a)〕 대전체 가까운 쪽으로 대전체와 종류가 다른 전하가 나타나고 먼쪽으로 동종 전하가 나타난다. 이와 같은 현상을 정전 유도라 한다. 〔그림 (a)〕 상태에서 〔그림 (b)〕와 같이 도체 A에 손가락을 대면 대지로부터 자유 전자의 −전하와 +전하가 중화되어 +전하는 마치 대지에 흐르는 것과 같이 소멸한다. 따라서, 〔그림 (c)〕의 도체 A에는 −전하만이 남는다.

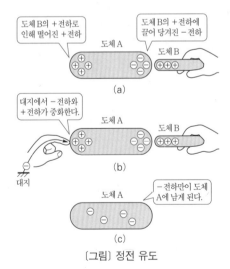

도체 B의 +전하로 인해 떨어진 +전하

도체 B의 +전하에 끌어 당겨진 −전하

도체 A

도체 B

(a)

대지에서 −전하와 +전하가 중화한다.

도체 A

도체 B

대지

(b)

도체 A

−전하만이 도체 A에 남게 된다.

(c)

〔그림〕 정전 유도

테마 05 정전 차폐

〔그림 (a)〕의 금박 검전기에 대전체를 근접시켰을 때 금박이 열려 있는 것을 나타내고 있다. 이것은 정전 유도에 의해 금박이 −전하에 대전했기 때문이다. 〔그림 (b)〕와 같이 금박 검전기에 철망을 씌운 상태에서 대전체를 근접시키면 금박이 벌어지지 않는다. 이것은 검전기가 도체(철망)로 둘러싸여 외부의 영향이 차단되었기 때문이다. 이와 같은 현상을 정전 차폐라 한다.

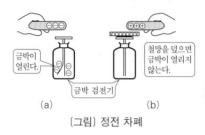

〔그림〕 정전 차폐

테마 06 뇌운의 발생

일반적으로 구름은 입상의 물이나 얼음을 함유하고 있지만 그림과 같이 급속한 상승 기류가 발생하면 알맹이가 부서지거나 알맹이끼리 마찰한다. 이때, +전하를 가진 알맹이와 −전하를 가진 알맹이로 나뉘어지는 것을 생각할 수 있다. 그리고 그림과 같이 +전하를 가진 알맹이는 위쪽으로 이동하고 −전하를 가진 알맹이는 아래쪽으로 이동한다. 이렇게 해서 +전하와 −전하를 가진 뇌운이 발생하는 것이다.

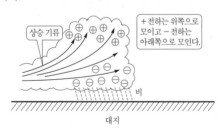

뇌운이 발생하면 〔그림 1〕과 같이 뇌운 A와 뇌운 B 또는 뇌운 A와 대지, 뇌운 B와 대지 간에 정전 유도가 생긴다. 그 때문에 뇌운 A와 뇌운 B 간, 뇌운과 대지 간의 이종 전하가 서로 흡인하여 공기 내에서 방전된다. 그때 강렬한 빛과 소리가 생기는데 이것이 벼락과 천둥이다.

정전 유도에 의해 대지에 생긴 전하는 뇌운과 가장 가까운 곳에서 맞부딪친다. 따라서, 뇌운에 의해 건축물의 피해를 최소화하기 위해서는 〔그림 2〕와 같이 건축물 가장 높은 곳에 뾰족한 금속을 세우고 이것을 대지에 접지한다. 이것을 피뢰침이라 하고 대지에 물린 선을 인하 도선이라 한다.

〔그림 1〕 낙뢰

〔그림 2〕 피뢰침의 작용

유전체는 전기적 절연체라고도 부르며, 물체 내에 유극 분자(영구 쌍극자 모멘트)가 존재하여 평상시에는 전기적 성질이 나타나지 않지만 외부에서 전기적 작용(마찰 또는 전계를 가함)을 일으키면 전기 분극(+와 −가 분리되는 현상) 작용에 의해 전기적 성질이 일어나는 물체를 말한다. 여기서, 전기적 성질이란 물체가 전하를 띠거나 전계의 크기 변화, 콘덴서의 축적된 전기량의 변화 등을 말한다.

테마 09 유전율($\varepsilon=\varepsilon_0 \times \varepsilon_s$)

유전체의 전기적 성질을 나타내는 상수로, 진공 중의 유전율 ε_0와 비유전율 ε_s 또는 ε_r로 나누어진다. 진공 중의 유전율은 8.855×10^{-12}[F/m]의 상수값을 가지며, 비유전율은 진공 상태를 기준(즉, 진공의 비유전율 $\varepsilon_s=1$)으로 유전체가 전기적 성질을 나타내는 비율을 말한다. 예를 들어 아래와 같이 비유전율을 측정($\varepsilon_s=\varepsilon_r=\dfrac{Q}{Q_0}$)할 수 있다.

〔그림 1〕 진공 콘덴서 C_0

〔그림 2〕 유전체 콘덴서 C

테마 10 평행판 콘덴서

금속판을 평행하게 놓고 그 사이에 유전체를 넣은 것을 콘덴서라 하는데, 특히 〔그림 1〕과 같은 콘덴서를 평행판 콘덴서라 한다. 유전체로는 공기, 운모, 절연지, 전해액을 포함한 산화 피막 등이 사용된다. 콘덴서의 역할은 전하 Q를 축적하는 것으로, 한쪽 전극에는 +전하를, 다른 한쪽에는 −의 전하가 축적된다. 콘덴서가 전하를 축적할 수 있는 능력을 정전 용량이라 하며, 전하를 보다 많이 축적하기 위해서는 유전율이 큰 유전체를 사용하면 된다.

콘덴서의 구조 및 정전 용량 표기법은 아래 〔그림 2〕와 같다.

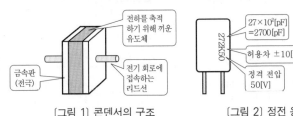

〔그림 1〕 콘덴서의 구조

〔그림 2〕 정전 용량 표기법

접속 구분	병렬 접속	직렬 접속
접속도		
축적 전하 [C]	정전 용량이 다르면 크기가 달라진다. $Q_1 = C_1 V \,[\text{C}]$ $Q_2 = C_2 V \,[\text{C}]$	정전 용량이 달라도 크기는 같다. $Q = C_1 V_1 = C_2 V_2 \,[\text{C}]$
합성 정전 용량 [F]	$C_0 = C_1 + C_2 \,[\text{F}]$ 병렬 접속은 합	$C_0 = \dfrac{1}{\dfrac{1}{C_1} + \dfrac{1}{C_2}}$ $= \dfrac{C_1 \times C_2}{C_1 + C_2} \,[\text{F}]$ 직렬 접속은 곱/합
분담 전압 [V]	$V = \dfrac{Q_1}{C_1} = \dfrac{Q_2}{C_2} \,[\text{V}]$	$V_1 = \dfrac{C_2}{C_1 + C_2} V \,[\text{V}]$ $V_2 = \dfrac{C_1}{C_1 + C_2} V \,[\text{V}]$

학습 POINT

두 개 이상의 콘덴서(또는 유전체)의 접속은 〔표〕처럼 분해해서 생각한다.

〔표〕 콘덴서(유전체)의 접속과 정전 용량

	분해 전	분해 후
직렬 접속		
	분해 전	분해 후
병렬 접속		

테마 12 ▶ 유전 분극

2개의 금속 전극 사이에 유전체(절연체)를 끼워넣으면 콘덴서가 된다. 전압이 인가되지 않은 콘덴서에서는 유전체 내부의 전자가 자유롭게 움직일 수 없고, 원자는 양전하 분포와 음전하 분포가 상쇄해 전기적으로 중성이 된다. 전압이 인가되면, 양전하와 음전하는 서로 반대 방향으로 힘을 받으므로, 유전체의 분자 내에서 +전하와 −전하가 분리된다. 이렇게 해서 나타난 분극을 유전 분극, 전하를 분극 전하라고 한다.

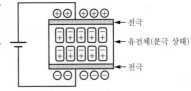

- 전극
- 유전체(분극 상태)
- 전극

테마 13 ▶ 단말 효과

평행 평판 콘덴서 문제에는 전극판 및 도체 평판의 두께 그리고 단말 효과는 무시할 수 있는 것으로 한다고 기술한 경우가 많다.

단말 효과란 평행 평판 콘덴서에서 〔그림 1〕처럼 전기력선이 바깥쪽으로 볼록해지는 경향이 있는 것을 말한다. 하지만, 〔그림 2〕처럼 극판 면적이 극판 간격에 비해 충분히 큰 경우에는 극판 간의 전기력선은 등간격의 평행선으로 간주할 수 있어, 단말 효과를 고려하지 않아도 된다.

단말 효과가 크다.
〔그림 1〕 큰 단말 효과

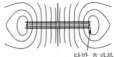
단말 효과를 무시할 수 있다.
〔그림 2〕 작은 단말 효과

테마 14 ▶ 콘덴서의 내전압

콘덴서의 정전 용량 C는 전극판의 면적을 $S[\text{m}^2]$, 전극 간 거리를 $d[\text{m}]$, 절연체의 유전율을 ε이라고 하면 정전 용량 $C = \dfrac{\varepsilon S}{d}$ [F]이 된다. 이 식에서 정전 용량을 키우려면 S를 크게 하고 d를 작게 해야 한다. 그런데 d를 작게 하면 전압의 크기에 따라서는 절연체의 절연이 파괴되게 된다. 그러므로 콘덴서를 선택할 때에는 정전 용량 외에 어느 정도의 전압에 견딜 수 있는가를 고려해야만 한다. 이 전압을 콘덴서의 내전압(耐電壓)이라 한다.

절연 파괴 시 1[mm]당 전압을 절연 파괴의 세기라 하며 일반적으로 단위는 [kV/mm]가 상용된다. 아래 〔표〕는 여러 가지 절연체의 절연 파괴의 세기를 나타낸 것이며, 절연체가 견딜 수 있는 전압을 절연 내력[kV/mm]이라 한다.

〔표〕 절연 파괴의 세기[kV/mm]

절연체	절연 파괴의 세기
세라믹	8~25
유리	5~10
에보나이트	10~70
염화비닐	24~80
폴리스테롤	15~25
아크릴	23~25
종이	5~10
변압기유	24~57

* 이 표는 직류 회로에서 사용하는 경우이며, 교류 회로에서는
  열 손실과 유전체 손실을 고려해야 한다.

그림과 같이 판형 전극에 침상 전극을 놓고 직류 전압을 가한다. 전압을 점차 높게 하면 침상 전극 선단 부근에서 절연 파괴를 일으켜 방전이 시작된다. 이때, 약간의 빛과 소리를 발생하게 되는데 이와 같은 방전을 코로나 방전이라 한다. 고압 송전선의 경우 전압이 높기 때문에 부분적으로 전리(電離)되어 이온과 전자가 발생하여 코로나 방전이 생기므로 이것을 방지하는 대책이 취해지고 있다.

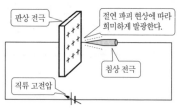

테마 17 전기력선

전하에 의해 발생되는 전계는 힘이 존재하지만 눈으로는 확인할 수 없다.

따라서, 공간상에 존재하는 전계의 세기와 방향을 가상적으로 나타낸 선을 전기력선이라 하며 전기력선의 크기는 전계의 세기와 같다고 정의한다.

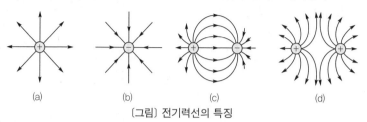

(a)   (b)   (c)   (d)

〔그림〕 전기력선의 특징

테마 18 쿨롱의 법칙

대전된 두 도체 사이의 작용하는 힘은 두 점전하 곱에 비례하고 거리 2승에 반비례하며 그 힘의 방향은 두 점전하를 연결하는 직선의 방향이다.

이것을 쿨롱의 법칙이라 하며, 전기력(電氣力)이라고 한다.

전기력 $F = k \dfrac{Q_1 Q_2}{r^2} = \dfrac{1}{4\pi\varepsilon_0} \cdot \dfrac{Q_1 Q_2}{r^2} = 9 \times 10^9 \cdot \dfrac{Q_1 Q_2}{r^2}$ [N]

여기서, k : 쿨롱의 상수

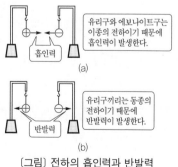

유리구와 에보나이트구는 이종의 전하이기 때문에 흡인력이 발생한다.

흡인력

(a)

유리구끼리는 동종의 전하이기 때문에 반발력이 발생한다.

반발력

(b)

〔그림〕 전하의 흡인력과 반발력

전계의 세기 E는 전계가 있는 곳에서 매우 작은 정지되어 있는 단위 시험 전하(+1[C])에 작용하는 전기력으로 정의한다.

〔그림〕과 같이 정전하는 발산, 부전하는 흡입하는 힘이 발생한다.

① 정의식 : $E = \lim_{\Delta Q \to 0} \dfrac{\Delta F}{\Delta Q} = \dfrac{Q}{4\pi\varepsilon_0 r^2}$[N/C]

② 단위로 : $[\text{N/C}] = \dfrac{[\text{N} \times \text{m}]}{[\text{C} \times \text{m}]} = \dfrac{[\text{J}]}{[\text{C}]} \cdot \dfrac{1}{[\text{m}]} = [\text{V/m}]$

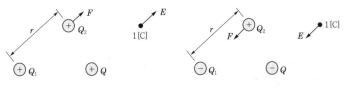

(a) 정전하의 전계의 방향　　　　　(b) 부전하의 전계의 방향

〔그림〕 전기력선의 특징

전하 Q[C]로부터 발산되어 나가는 전기력선의 총수는 $\dfrac{Q}{\varepsilon}$[개]가 된다. 이와 같이 전계의 세기(또는 전기력선)는 유전율(매질)의 종류에 따라 그 크기가 달라진다.

이때, 유전율(매질)의 크기와 관계없이 전하의 크기와 동일한 전기력선이 진출한다고 가정한 것을 전속(dielectric flux : ϕ) 또는 유전속이라 한다.

전속(ϕ)과 전하(Q)의 크기는 같다. 단, 전속은 벡터, 전하는 스칼라가 된다.

단위 면적을 지나는 전속을 선속 밀도라 하고, 기호로 D[C/m²]로 사용한다.

도체 구(점전하)에서의 전속 밀도 $D = \dfrac{\phi}{S_구} = \dfrac{Q}{4\pi r^2} = \varepsilon_0 E$[C/m²]

테마 22 ▶ 전위

전위란 정전계에서 단위 전하(1[C])를 전계와 반대 방향으로 무한 원점에서 P점까지 운반하는 데 필요한 일 또는 소비되는 에너지를 말한다.

$$V=-\int_{\infty}^{P} Edr[\text{V}]$$

〔그림〕 전위의 정의

테마 23 ▶ 전위차(전압)

전위차란 단위 전하가 a에서 b점까지 운반될 때 소비되는 에너지를 말한다.

$$V_{ab}=V_a-V_b=-\int_{b}^{a}Edr=\frac{W}{Q}[\text{J/C=V}]$$

전하가 운반될 때 소비되는 에너지 $W=QV_{ab}[\text{J}]$

테마 24 ▶ 전기 쌍극자

물질은 −전하를 띤 전자와 +를 띤 핵이 평형을 이루고 전기적으로 중성을 이루고 있다. 그러나 총 −전하와 총 +전하의 위치가 일치하지 않을 경우나 −전하를 띤 물질과 +전하를 띤 물질이 일정한 거리를 두고 떨어져 있는 상태를 전기 쌍극자라고 한다.

테마 25 ▶ 전기 영상법

전기 영상법은 1848년 로드 켈빈(Lord Kelvin)에 의해 도입되었다.

지금까지는 전하에 의한 V, E, D와 ρ_s를 구하기 위해서는 다소 복잡한 푸아송 방정식 또는 라플라스 방정식을 이용하였으나 도체 표면이 등전위면이라는 사실을 이용하여 영상점과 영상 전하를 이용하면 모든 정전기장 문제에 적용하지는 못하지만, 약간 복잡한 문제를 간단히 해석할 수 있다.

(1) 도체 속 전자의 이동과 전류 $I = envS$ [A]

(2) 반도체의 전도율 $\sigma = eN\mu$ [S/m]

　여기서, e : 전자 1개의 전하량[C]

　　　　　n : 단위 체적당 전자의 개수[개/m³]

　　　　　v : 평균 속도[m/sec], S : 면적[m²], N : 캐리어 밀도[개/m³]

　　　　　μ : 캐리어 이동도[m²/(V·s)]

⚡ 학습 POINT

① **도체의 전류** : 전자와 전류 I의 흐름은 반대 방향으로, I는 단위 시간에 면 S[m²]를 통과하는 전기량(전하)[C]이다.

$$I\,[\text{A}] = \frac{\text{통과 전기량 } \Delta Q\,[\text{C}]}{\text{통과 시간 } \Delta t\,[\text{s}]}$$

$$\Delta Q = en(v\Delta t \cdot S)$$

$$\therefore I = \frac{\Delta Q}{\Delta t} = envS\,[\text{A}]$$

〔그림 1〕전자와 전류

② **캐리어 밀도** : 진성 반도체의 전자 밀도를 n_n[개/m³], 정공 밀도를 n_p[개/m³]라고 하면, 캐리어 밀도 N은 다음 식으로 나타낸다.

$$N = n_n = n_p \,[\text{개/m}^3]$$

　㉠ P형 반도체 : $n_p \gg n_n$

　㉡ n형 반도체 : $n_n \gg n_p$

③ **에너지 밴드** : 〔그림 2〕는 절연체, 반도체, 금속의 에너지 밴드를 나타낸 것이다.

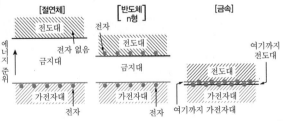

〔그림 2〕에너지 밴드의 차이

(1) 직렬 저항

$$R = R_1 + R_2 [\Omega]$$

여기서, R_1, R_2 : 개별 저항[Ω]

(2) 병렬 저항

$$R = \frac{R_1 \times R_2}{R_1 + R_2} [\Omega]$$

학습 POINT

① 직렬 저항

$$R_1 I + R_2 I + R_3 I = (R_1 + R_2 + R_3) I = RI = E$$
$$\therefore \text{합성 저항 } R = R_1 + R_2 + R_3 [\Omega] \leftarrow \boxed{\text{합의 형태}}$$

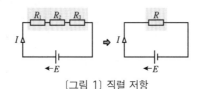

〔그림 1〕 직렬 저항

② 병렬 저항

$$I_1 + I_2 + I_3 = I \rightarrow \frac{E}{R_1} + \frac{E}{R_2} + \frac{E}{R_3} = \frac{E}{R}$$

$$\therefore \text{합성 저항 } R = \frac{1}{\dfrac{1}{R_1} + \dfrac{1}{R_2} + \dfrac{1}{R_3}} [\Omega] \leftarrow \boxed{\text{역수 합의 역수}}$$

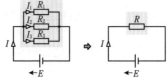

〔그림 2〕 병렬 저항

③ 두 병렬 저항의 간단한 계산 방법 : 저항 R_1과 R_2로 구성된 병렬 회로에서 합성 저항은 다음과 같다.

$$R = \frac{1}{\dfrac{1}{R_1} + \dfrac{1}{R_2}} = \frac{R_1 \times R_2}{R_1 + R_2} [\Omega] \leftarrow \boxed{\left(\dfrac{\text{곱}}{\text{합}}\right) \text{의 형태}}$$

역수 합의 역수 형태

테마 28 저항의 온도 계수

온도 1[°C]의 변화에 대한 저항값의 변화율을 저항의 온도 계수라고 한다. 금속처럼 온도 상승과 함께 저항값이 커지는 것을 정특성 온도 계수, 반도체처럼 온도 상승과 함께 저항값이 작아지는 것을 부특성 온도 계수라고 한다.

금속의 경우 자유 전자는 양이온에 부딪히며 나아가는데, 온도가 높아지면 양이온의 진동이 격해지며 자유 전자의 진행을 방해하므로 정특성 온도 계수가 된다.

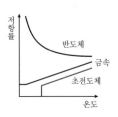

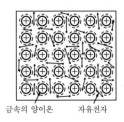

금속의 양이온   자유전자

테마 29 제베크 효과

2개의 다른 금속 A, B를 접합해 폐회로를 만들고, 2개의 접합부를 다른 온도(고온과 저온)로 유지하면, 열기전력이 발생하고 열전류가 흐른다.

열에서 전기로 변환하는 기능으로 열전대(서모커플)에 의한 온도 측정 등에 이용된다.

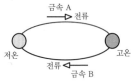

테마 30 펠티에 효과

2개의 다른 금속 A, B(반도체 포함)를 접합해 폐회로를 만들고 일정 온도 아래로 전류를 흘려보내면, 접합부에서 줄열 이외의 열 발생 또는 흡수가 일어난다. 전류의 방향을 반대로 하면 열의 발생과 흡수가 역전된다. 전기를 열로 변환하는 기능으로 전자 냉동 등에 이용된다.

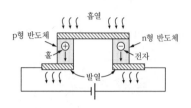

테마 31 자성체

자성체란 자석의 성질을 띨 수 있는 물체로 다음 3가지가 있다.

① **강자성체** : 철, 니켈, 코발트, 망간처럼 자계 안에 두면 자기 유도에 의해 자화되고, 자계를 제거해도 자석의 성질이 남는 것

② **상자성체** : 알루미늄이나 백금처럼 자화되는 성질이 약한 것

③ **반자성체** : 아연, 금, 수은, 동, 탄소처럼 반대로 반발하는 성질을 가진 것

비투자율 μ_s의 크기는 강자성체에서는 $\mu_s \gg 1$, 상자성체에서는 $\mu_s > 1$, 반자성체에서는 $\mu_s < 1$이다.

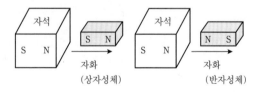

아래 〔그림〕은 막대자석 양단에 못이 연속적으로 이어져 매달려 있는 상태를 나타내고 있다. 그림과 같이 막대자석의 N극에 가까운 쪽의 못의 윗부분에는 S극이 나타나고 먼 쪽의 못끝에는 N극이 나타난다.

또한, 그 다음 못에도 S극과 N극이 나타난다.

한편, 막대자석 S극에는 못의 윗부분에 N극이, 끝에 S극이 나타난다. 이하, 같은 현상이 생겨 그림과 같은 형태가 된다.

이와 같이 못에 자극이 나타나는 현상을 자기 유도라고 한다.

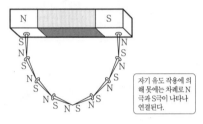

자기 유도 작용에 의해 못에는 차례로 N극과 S극이 나타나 연결된다.

〔그림〕 자기 유도

〔그림 1〕은 막대자석을 쇠톱으로 절단했을 때 새로 N극과 S극이 생기는 것을 나타내고 있다. 이와 같이 몇 개로 절단하여도 새로운 자석이 되는 것은 어떤 이유에서일까? 자석을 분할해 나가다가 더 이상 분할할 수 없을 정도로 작게 한 것을 분자 자석이라고 한다.

철 등의 강자성체는 헤아릴 수 없을 정도로 많은 분자 자석으로 되어 있고, 보통 상태에서는 분자 자석의 방향이 제각각이어서 전체적으로는 자성을 나타내지 않는다.

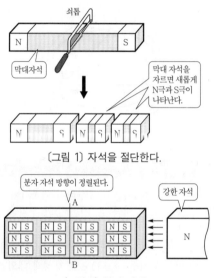

〔그림 1〕 자석을 절단한다.

〔그림 2〕 분자 자석

〔그림 2〕는 자성체에 강력한 자석을 가까이 가져갔을 때 분자 자석의 방향이 일정한 것을 나타내고 있다.

일반적으로 자석이라고 불리는 물질은 이와 같이 분자 자석이 정렬되어 있는 상태이다. 지금 A-B면을 절단해보자. 절단면에 나타나는 자극은 왼쪽은 S극, 오른쪽은 N극이 된다. 몇 개로 절단해도 자석인 것이 이 설명으로 이해된다. 이런 사고 방식을 자기 분자설이라고 한다.

자계 안에 N극과 S극의 자극을 둘 때 작용하는 자계의 세기와 방향은 자력선이 관계한다.

N극에서 S극을 향해 나오는 자력선수는 주변의 투자율 μ[H/m]인 매질 속에 $\pm m_0$[Wb]인 자하가 있을 경우에는 $\frac{m_0}{\mu}$가 된다.

이때, 자계의 세기와 방향은 그림과 같고, N극에서 척력과 S극에서의 인력이 합성된 벡터로 표현되며, 자력선의 궤도는 고무를 당긴 것 같은 형태가 된다.

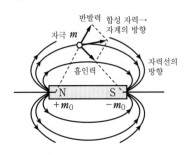

투자율이란 자성체 내에 자기력선이 통과하기 쉬운가의 여부를 나타내는 상수(전기 회로의 도전율과 같은 개념)로, 진공 중의 투자율 μ_0와 비투자율 μ_s 또는 μ_r로 나누어진다.

진공 중의 투자율은 $4\pi \times 10^{-7}$[H/m]의 상수값을 가지며, 비투자율은 진공 상태를 기준(즉, 진공의 비투자율 $\mu_s = 1$)으로 자성체 내의 자기력선 수의 비율을 말한다.

테마 36 자속 밀도

〔그림〕에서 반경 r[m]인 구면을 생각하고 그 중심에 자극 m[Wb]을 놓는다. 이 자극에서 나오는 자속 Φ[Wb]는 $\Phi = m$[Wb]이고 구면의 면적 S는 $S = 4\pi r^2$이므로 반경 r[m]의 구면을 통과하는 자속 밀도 B는 다음 식과 같이 된다.

$$B = \frac{\Phi}{S} = \frac{\Phi}{4\pi r^2}\,[\text{Wb/m}^2]$$

자속 밀도의 단위는 [Wb/m²]이고 SI 단위는 [T](테슬러)가 사용된다. 단위 [T]는 미국 공학자 테슬러의 이름을 딴 것이다.

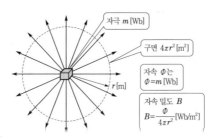

* m〔Wb〕의 자극으로부터는 m〔Wb〕의 자속이 나온다.

테마 37 전자석

〔그림〕과 같이 도선을 원통상에 감은 솔레노이드에 전류를 흘리면 자계가 발생하여 양 끝에 N극과 S극이 나타난다. 이것은 막대자석 상태와 같으며 전류를 흘림으로써 만들어진 자석을 전자석이라고 한다. 일반적으로 사용되는 전자석은 솔레노이드 안에 철심을 넣은 것이 사용된다.

전자석이 보통 자석과 다른 점은 전류를 흘렸을 때만 자석이 되고 전류의 크기를 바꾸면 자계의 세기를 바꿀 수 있는 것이다.

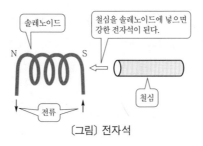

〔그림〕 전자석

〔그림 1〕은 전류의 방향과 자계의 방향의 관계를 나타낸 것이다. 〔그림 1〕과 같이 자계의 방향은 전류의 방향과 일정한 관계가 있다.

〔그림 2〕는 전류의 방향에 대해 자계가 생기는 방향을 간단히 구할 수 있는 방법을 나타내고 있다. 〔그림 2〕와 같이 나사를 돌리면 나사는 앞으로 진행하는데, 나사가 진행하는 방향을 전류의 방향으로 하면 나사를 돌리는 방향이 자계 방향과 일치한다.

이것은 암페어가 발견한 것으로, 암페어의 오른 나사의 법칙이다.

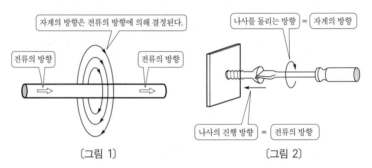

〔그림 1〕　　　　　　　〔그림 2〕

전류나 자속의 방향을 나타낼 때는 도트와 크로스 기호를 사용한다.

크로스는 지면에 수직으로 밖에서 안을 향해 들어갈 때 사용하고 ⊗ 기호로 표시한다. 도트는 지면 안쪽에서 밖을 향해 나올 때 사용하고 ⊙ 기호로 표시한다.

이 기호들은 화살촉과 날개에 비유할 수 있으며, 오른쪽 그림과 같은 상태일 때는 크로스 기호 ⊗로 나타낸다.

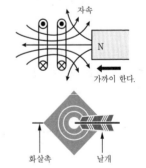

테마 40 오른손 엄지의 법칙

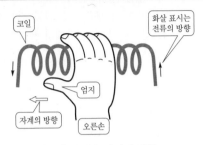

코일

화살 표시는
전류의 방향

엄지

자계의 방향

오른손

〔그림〕 오른손 엄지의 법칙

그림과 같은 코일에 전류가 흐르고 있는 경우 자계 방향을 알려면 어떻게 하면 되는가? 이 경우는 그림과 같이 4개의 손가락으로 전류가 흐르는 방향으로 코일을 잡으면 엄지 방향이 자계 방향이 된다.

이와 같은 관계를 오른손 엄지의 법칙이라고 한다.

자계 방향을 알려면 코일 하나하나에 흐르는 전류에 의한 자계를 오른 나사의 법칙으로 구하고 이것을 합성하면 되지만 실용적으로는 오른손 엄지의 법칙이 많이 사용된다.

테마 41 암페어의 주회로 법칙

직선 도체에 전류 I[A]가 흐르고, 닫힌 경로로서 반지름 r[m]인 원을 생각하면, 경로 길이 l은 $l = 2\pi r$[m]이 된다. 경로상에서 자계의 세기 H[A/m]는 같으므로 다음 식이 성립한다.

$$\sum H\Delta l = I \rightarrow 2\pi r \cdot H = I$$

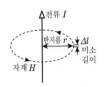

전류 I

반지름 r

Δl
미소
길이

자계 H

전류 I[A]가 흐르는 도체의 미소 부분 Δl[m]의 전류소편 $I\Delta l$이 소편으로부터 r[m] 거리에 있는 점 P에 만드는 자계의 세기 ΔH[A/m]는 다음과 같이 표현할 수 있다.

$$\Delta H = \frac{I\Delta l \sin\theta}{4\pi r^2}$$

여기서, θ는 $\overline{OP}$와 점 O에서의 전류 I가 이루는 각이다.

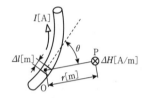

① 왼손 법칙 : '도체에 흐르는 전류의 방향', '자계의 방향', '받는 힘의 방향'의 관계를 기억하기 쉽게 만든 것이다. 왼손의 엄지, 검지, 중지를 직각으로 벌렸을 때 중지는 전류의 방향, 검지는 자계의 방향, 엄지는 힘의 방향을 나타낸다.

② 오른손 법칙 : '자계의 방향', '도체가 움직이는 방향', '도체에 발생하는 기전력의 방향'을 기억하기 쉽게 한 것이다. 오른손 엄지, 검지, 중지를 직각으로 폈을 때 중지는 기전력의 방향, 검지는 자계의 방향, 엄지는 힘의 방향을 나타낸다.

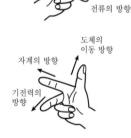

테마 44 전자력

〔그림 1〕처럼 평행으로 놓인 도체 A와 도체 B에 흐르는 전류 I가 같은 방향인 경우 도체 사이에는 인력 F가 작용한다.

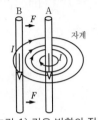

〔그림 1〕 같은 방향의 전류

〔그림 2〕처럼 평행으로 놓인 도체 A와 도체 B에 흐르는 전류 I가 역방향인 경우 도체 사이에는 척력 F가 작용한다.

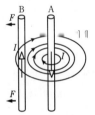

〔그림 2〕 다른 방향의 전류

이 힘들은 전자력이고, 특히 전류력이라고 한다. 도체 A에 전류가 흐르면, 암페어의 오른 나사 법칙에 의해 동심원 형태로 자계가 발생한다. 〔그림 1〕의 경우 플레밍의 왼손 법칙에서 도체 B 위치의 자계와 도체 B에 흐르는 전류에 의해 힘 F가 도체 A 방향으로 작용한다.

(1) 전계 속의 전자 에너지

$$W = eV = \frac{1}{2}mv^2 [\text{J}] \quad \left(v = \sqrt{\frac{2eV}{m}} [\text{m/s}]\right)$$

(2) 자계 속 전자의 원운동 반지름

$$r = \frac{mv}{eB} [\text{m}]$$

여기서, e : 전자의 전하[C], V : 인가 전압[V], m : 전자의 질량[kg]
v : 전자의 속도[m/s], B : 자속 밀도[T]

학습 POINT

① 전계 속 전자 에너지 : 전계에서 받은 에너지 eV와 운동 에너지의 증가분 $\frac{1}{2}mv^2$ 사이에는 에너지 보존 법칙이 성립한다.

② 전계에 직각으로 진입한 전자의 운동 : 전계 E[V/m]에 직각으로 초속도 v_0[m/s]로 진입한 전하 e[C]인 전자는 전계의 역방향으로 $F=eE$[N]의 힘을 받아 운동한다〔그림 1〕. 전자의 질량을 m[kg], 가속도를 a[m/s²]이라고 하면 다음과 같이 된다.

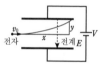

〔그림1〕 전자의 포물선 운동

$$F = ma = eE [\text{N}] \quad \therefore a = \frac{eE}{m} [\text{m/s}^2]$$

t[sec] 후의 전자의 위치를 (x, y)라고 하면 다음과 같이 구할 수 있다.

$$x = v_0 t [\text{m}], \quad y = \frac{1}{2}at^2 [\text{m}]$$

$$\therefore y = \frac{eE}{2m}\left(\frac{x}{v_0}\right)^2 [\text{m}] \leftarrow \boxed{\text{포물선 궤적이 된다.}}$$

③ 자계 속 전자의 원운동 반지름 : 자계 속의 전자는 로렌츠력 F_m과 원심력 F_r이 같아지는 원운동을 한다〔그림 2〕.

$$Bev = \frac{mv^2}{r} [\text{N}]$$

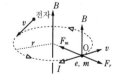

〔그림 2〕 전자의 원운동

테마 46 자기 저항

자기 회로에 있어서 자속이 통과하는 것을 방해하는 성질을 자기 저항이라고 한다. 릴럭턴스(reluctance)라고도 한다.

자기 저항 R_m은 그림과 같이 자기 회로의 단면적을 $A[\text{m}^2]$, 자로의 길이를 $l[\text{m}]$이라 하고 투자율을 μ라 하면 다음 식으로 나타낼 수 있다.

$$R_m = \frac{l}{\mu A} \ [\text{H}^{-1}]$$

여기서, 단위의 매 헨리는 μ단위가 헨리 매 미터[H/m]인 것에서 구할 수 있다.

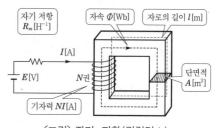

〔그림〕 자기 저항(릴럭턴스)

테마 47 자기 저항과 전기 저항

자기 저항 R_m과 전기 저항 R을 나타내는 식은 〔그림〕과 같이 유사하다.

$$R_m = \frac{l}{\mu S} \ [\text{H}^{-1}], \ R_m = \frac{l}{KS} \ [\Omega]$$

여기서, μ : 투자율, σ : 도전율

이와 같이 자기 회로는 전기 회로에서 유추하면 이해하기 쉽다.

자기 저항 $R_m[\text{H}^{-1}]$에 자속 $\varnothing[\text{Wb}]$가 통과하면 $R_m\varnothing[\text{A}]([\text{Wb}\cdot\text{H}^{-1}]=[\text{A}]$의 자위차(磁位差)가 나타난다. 이것은 전기 회로에서의 전압 강하와 같으면 자위 강하라 한다. 전기 회로의 키르히호프의 제2법칙과 마찬가지로 자기 회로를 일주했을 때 가해진 기자력의 총합은 자위 강하의 총합과 같다고 할 수 있다.

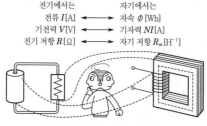

〔그림〕 전기 회로와 자기 회로

자화 곡선은 자계의 세기와 자속 밀도의 관계를 구하기 위한 실험 회로이다. 〔그림 (a)〕와 같이 환상 철심에 코일을 N회 감고 가변 저항기로 전류를 변화시키면 이때 자계의 세기 $H = \dfrac{NI}{l}$ 가 된다. 또한, 철심의 단면적을 $A[\text{m}^2]$, 발생한 자속을 $\varPhi$라 하면 자속 밀도 $B = \varPhi/A = \mu H[\text{T}]$의 관계가 있다. 이 μ은 일정한 값이 아니고 자계의 세기와 자속 밀도의 크기에 따라 변화한다. 여기서, 전류를 0부터 점차 증가시키면 자계의 세기 H도 증가한다. 이때, H에 대해서 B가 어떻게 변화하는가를 〔그림 (b)〕에 나타냈다. 이 곡선을 자화 곡선 또는 $B{-}H$ 곡선이라 한다.

그림과 같이 규소 강판, 주강, 주철 등 철심으로 사용하는 재질에 따라 $B{-}H$ 곡선의 형태가 다르다. 또한, H를 증가시켜 나가면 B의 증가 비율이 점차 작아지다가 H가 어느 값을 초과하면 B는 더 이상 증가하지 않는데 이 현상을 자기 포화 현상이라 한다.

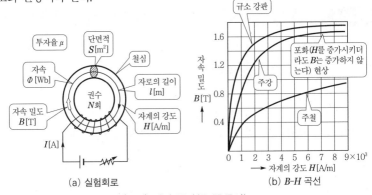

(a) 실험회로   (b) $B{-}H$ 곡선

〔그림〕 자화 곡선($B{-}H$ 곡선)

테마 49 히스테리시스 곡선

〔그림 1〕에서 나타냈듯이 자계의 세기 H를 점 o로부터 점차 증가시키면 자속 밀도 B는 점 o로부터 점 a까지 변화하여 자화 곡선이 얻어진다.

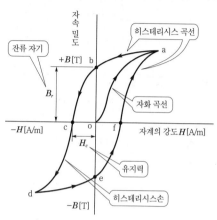

〔그림 1〕 히스테리시스 특성

여기서, 자계의 세기 H를 감소시켜 나가면 앞에서 설명한 자화 곡선 a-o로 되돌아가지 않고 곡선 a-b가 되어 자계의 세기 H가 0이 되어도 자속 밀도는 0이 아니라 B_r이 된다. 이 B_r을 잔류 자기라고 한다.

다음에 역방향으로 자계의 세기를 증가시켜 나가면 점 c에서 자속 밀도가 0이 된다. 이때의 자계의 세기는 H_c이다. 이 H_c를 유지력이라고 한다.

다시 또 자계의 세기 H를 마이너스 방향으로 크게 해 나가면 곡선 c-d가 얻어진다. 점 d에서 다시 H를 변화시키면 곡선 e-f-a가 얻어진다. 이와 같은 현상을 히스테리시스 특성이라 한다. 또한, 곡선 a-b-c-d-e-f-a를 히스테리시스 곡선 또는 히스테리시스 루프라고 한다.

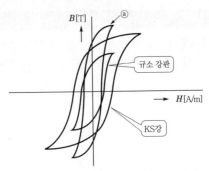

〔그림 2〕 여러 가지 히스테리시스 곡선

히스테리시스 곡선은 철심의 재료에 따라 모양이 달라진다. 〔그림 2〕는 규소 강판과 KS강(텅스텐·크롬·코발트의 합금)의 히스테리시스 곡선이다.

히스테리시스 곡선을 한 번 돌면 이 곡선 안의 면적에 비례하는 전기 에너지가 소비되어 열로 된다. 이 에너지를 히스테리시스손(損)이라고 한다.

발전기나 변압기 등의 교류 기기에는 히스테리시스손을 작게 하기 위해 유지력이 작은(면적이 작은) 규소 강판 등이 사용된다. 영구 자석에는 유지력이 큰 KS강 등이 사용된다. 또한, 〔그림 2〕의 ⓐ와 같은 히스테리시스 곡선을 나타내는 재료도 있다.

히스테리시스(hysteresis)란 이력 현상이라는 의미이다.

〔그림 1〕은 N극과 S극 간에서 도체를 상하로 움직였을 때 검류계 지침이 좌우로 흔들리고 있는 것이다. 〔그림 2〕는 코일 내에 막대자석을 넣거나 뺄 때 검류계 지침이 좌우로 흔들리고 있는 것이다.

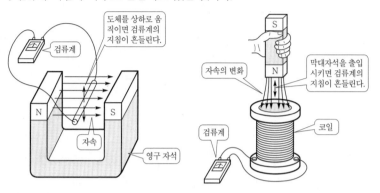

도체를 상하로 움직이면 검류계의 지침이 흔들린다.

검류계

N   S

자속

영구 자석

S

N

막대자석을 출입시키면 검류계의 지침이 흔들린다.

자속의 변화

검류계

코일

〔그림 1〕 자계 내에서 도체를 움직이면   〔그림 2〕 코일 내에 자석을 넣으면

패러데이는 전류가 자계를 만든다는 것에서 자기에서 전기를 만들 수 있다고 생각하고 위와 같은 실험을 하여 다음과 같이 정리하였다.

① 도체가 자속을 차단하면 기전력이 생긴다.

② 코일에 교차하는 자속수가 변화하면 기전력이 생긴다.

이 현상을 전자 유도라 한다. 유도된 기전력을 유도 기전력이라 하고 흐른 전류를 유도 전류라 한다.

〔그림 1〕과 〔그림 2〕의 실험으로 도체를 상하로 빠르게 움직이거나 막대자석을 빠르게 넣었다 빼면 검류계의 지침이 크게 흔들린다.

이것에 의해 '전자 유도에 의해 코일이나 도체에 생기는 기전력의 크기는 코일이나 도체와 교차하는 자속수가 1초간에 변화하는 비율에 비례한다'는 것이 명확해졌다. 이것을 전자 유도에 관한 패러데이의 법칙이라 한다.

전자 유도에 의해 생기는 기전력에 대해서는 1개의 도체가 1초간에 1 〔Wb〕의 자속을 차단했을 때 1〔V〕의 기전력이 발생한다고 한다.

일반적으로 N개의 도체가 $\varDelta t$초간에 $\varDelta \phi$〔Wb〕의 자속을 차단했을 때 발생하는 유도 기전력의 크기 e는 다음 식으로 나타낼 수 있다.

$$e = N\frac{\varDelta \phi}{\varDelta t}\ [V]$$

전류의 직각 방향으로 자계를 가하면, 전류와 자계의 벡터곱 방향(양자에 직각 방향)으로 전계가 생기고, 전압이 발생하는 현상이다. 이 효과를 이용한 것으로 자기 측정 센서가 있다.

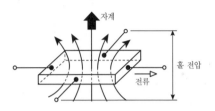

도체(전선)를 코일 모양으로 감은 것을 솔레노이드라고 한다. 솔레노이드에는 무한장 솔레노이드와 환상 솔레노이드가 있다.

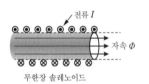

무한장 솔레노이드

환상 솔레노이드

코일에 흐르는 전류가 시간적으로 변화$\left(\dfrac{\Delta I}{\Delta t}\right)$하면, 코일을 관통하는 자속의 변화에 따라 코일에는 기전력 e가 발생한다. 이를 자기 유도라고 하고, 이때의 비례 상수 L[H]을 자기 인덕턴스라고 한다.

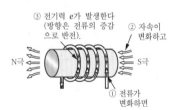

$$e = -L \frac{\Delta I}{\Delta t} \, [\mathrm{V}]$$

테마 54 상호 유도와 상호 인덕턴스

 한쪽 코일에 흐르는 전류 I_1이 변화하면, 자속 Φ_1이 변화하고, 같은 자속이 관통하는 다른 방향의 코일(권수 N_2)에 기전력 e_2가 발생한다. 이를 상호 유도라고 하고, 이때의 비례 상수 M[H]을 상호 인덕턴스라고 한다. k는 결합 계수이고, $0<k\leq1$ 범위에 있다.

$$e_2=-M\frac{\Delta I_1}{\Delta t}\ [\text{V}]$$

$$M=N_2\frac{\Phi_1}{I_1}\ [\text{H}]$$

$$M=k\sqrt{L_1 L_2}\ [\text{H}]$$

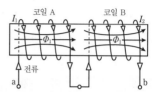

테마 55 합성 인덕턴스

① 자기 유도 기전력 : 자기 인덕턴스와 전류의 시간 변화 $\dfrac{dI}{dt}$에 비례한다.

② 상호 유도 기전력 : 코일 2에 유도되는 기전력 e_2는 상호 인덕턴스 M과 코일 1의 전류 시간 변화 $\dfrac{dI_1}{dt}$에 비례한다. 또한, 코일 2의 권회수 N_2와 코일 1의 자속 시간 변화 $\dfrac{d\phi}{dt}$에 비례한다.

③ 합성 인덕턴스 : 상호 인덕턴스를 포함하는 회로에서는 코일에 전류를 흘렸을 때 L_1에서 자속 방향과 L_2에서의 자속 방향이 같은지, 반대인지에 따라 합성 인덕턴스 L_0가 달라진다.

가동 접속(가극성)	차동 접속(감극성)
$L_0 = L_1 + L_2 + 2M\,[\text{H}]$	$L_0 = L_1 + L_2 - 2M\,[\text{H}]$

테마 56 역기전력

회로에 흐르는 전류가 변화했을 때 자
기 유도에 의해 회로에 발생하는 기전력
이다. 기전력은 렌츠의 법칙에 의해 전
류 변화를 방해하는 방향으로 발생하며,
전류 변화에 필요한 기전력과 역방향이
된다.

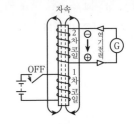

테마 57 와전류

도체를 통과하는 자속이 변화할 때
전자 유도에 의해 도체 중에 흐르는 소
용돌이 모양의 전류이다.

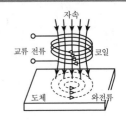

02
전력공학

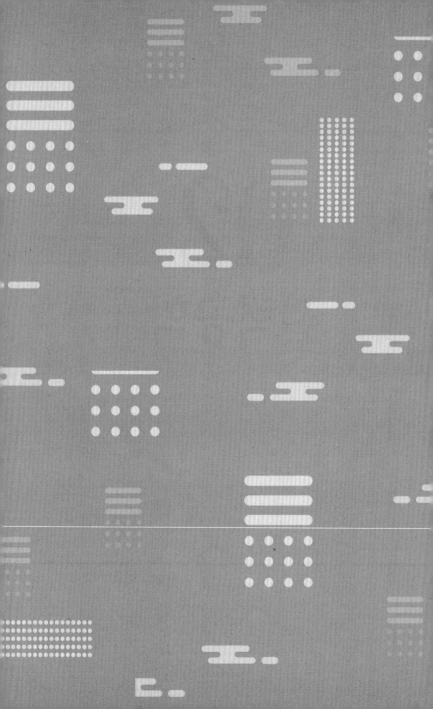

I

필수 공식 해설

(1) 베르누이 정리

$$h \;+\; \frac{p}{\rho g} \;+\; \frac{v^2}{2g} \;=\; H \;=\; \text{일정}$$

위치 수두   압력 수두   속도 수두

여기서, h : 기준면에서의 수위[m]

ρ : 물의 밀도로, 1000[kg/m³]

g : 중력 가속도[m/sec²], p : 압력[Pa]

v : 속도[m/sec], H : 전수두(정낙차)[m]

(2) 연속 법칙

$$Q = v_1 A_1 = v_2 A_2 \,[\text{m}^3/\text{sec}]$$

여기서, v_1, v_2 : 단면 ⓐ, ⓑ의 속도[m/sec]

A_1, A_2 : 단면 ⓐ, ⓑ의 관로 단면적[m²]

학습 POINT

① 베르누이 정리

ㄱ 에너지 보존에 관한 정리로, 취수면에서 방수면에 이르는 각 부분의 에너지 비율을 잘 설명할 수 있다.

ㄴ 위치 수두(h), 압력 수두$\left(\dfrac{p}{\rho g}\right)$, 속도 수두$\left(\dfrac{v^2}{2g}\right)$의 합은 일정하다.

ㄷ 〔그림〕의 단면 ⓐ와 단면 ⓑ에 베르누이 정리를 적용하면 〔그림〕에 표시한 식이 된다.

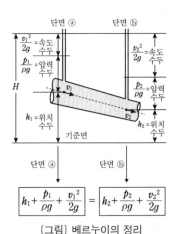

$$h_1 + \frac{p_1}{\rho g} + \frac{v_1^2}{2g} = h_2 + \frac{p_2}{\rho g} + \frac{v_2^2}{2g}$$

〔그림〕 베르누이의 정리

② 연속의 법칙

관로처럼 고체로 에워싸인 수류에서는 도중에 물의 출입이 없는 한, 임의의 단면에서 물의 유입량과 유출량은 같다.

(1) 유량 $Q = \dfrac{\dfrac{a}{1000} \times b \times 10^6 \times k}{365 \times 24 \times 3600}$ [m³/sec]

(2) 발전소 출력 $P_g = 9.8QH\eta_t\eta_g$ [kW]

여기서, k : 유출 계수(평지에서 0.4, 산악지에서 0.7 정도)

a : 연간 강수량[mm], b : 유역 면적[km²]

H : 유효 낙차[m], η_t : 수차 효율, η_g : 발전기 효율

학습 POINT

① 유량 : 하천의 연평균 유량 Q는 유입된 연강우량[m³/sec]에 유출 계수를 곱한 값이다. 발전소 출력 계산에는 수압관의 유량 Q를 이용한다.

② 낙차 : 낙차에는 총낙차 H_0과 유효 낙차 H가 있다.

　㉠ 총낙차 : 취수위의 정지면과 방수 지점 수면의 차이이다.

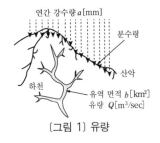

연간 강수량 a[mm]

분수령

산악

하천

유역 면적 b[km²]
유량 Q[m³/sec]

〔그림 1〕 유량

　㉡ 유효 낙차 : 총낙차로부터 수로의 마찰 등에 의한 손실분(손실 수두)을 뺀 낙차이다.

　　유효 낙차 $H = H_0 - h$ [m]

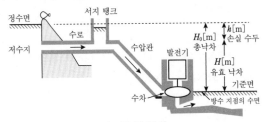

정수면

서지 탱크

수로

저수지

수압관

발전기

수차

h[m]
H_0[m] 손실 수두
총낙차

H[m]
유효 낙차

기준면

방수 지점의 수면

〔그림 2〕 낙차

③ 이론 출력과 발전소 출력

　㉠ 이론 출력 : $P_o = 9.8QH$[kW]

　㉡ 수차 출력 : $P_t = 9.8QH\eta_t$[kW]

　㉢ 발전기 출력 : $P_g = 9.8QH\eta_t\eta_g$[kW]

작아진다.

(1) 회전 속도 변화 $N \propto H^{\frac{1}{2}}$

(2) 유량 변화 $Q \propto H^{\frac{1}{2}}$

(3) 출력 변화 $P \propto H^{\frac{3}{2}}$

　　여기서, H : 유효 낙차[m]

학습 POINT

유효 낙차가 변화하면, 그에 따라 수차의 회전 속도, 유량, 출력도 변동한다.

① 회전 속도 변화 : 회전 속도를 N, 유속을 v, 중력 가속도를 g, 유효 낙차를 H라고 하면

$$H = \frac{v^2}{2g} \rightarrow v = \sqrt{2gH}$$

이므로,

$$N \propto K_1 v = K_1 \sqrt{2gH} = K_2 H^{\frac{1}{2}} \propto H^{\frac{1}{2}}$$

여기서, K_1, K_2 : 비례 상수

회전 속도는 유효 낙차의 $\frac{1}{2}$승에 비례해서 변화한다.

② 유량 변화 : 유량을 Q, 유속을 v, 관로의 단면적을 A, 중력 가속도를 g, 유효 낙차를 H라고 하면 다음과 같이 유량을 구할 수 있다.

$$Q = vA = A\sqrt{2gH} = K_3 H^{\frac{1}{2}} \propto H^{\frac{1}{2}}$$

여기서, K_3 : 비례 상수

유량은 유효 낙차의 $\frac{1}{2}$승에 비례해서 변화한다.

③ 출력 변화 : 출력을 P, 유량을 Q, 유효 낙차를 H, 효율을 η라고 하면,

$$P = 9.8QH\eta = 9.8K_3 H^{\frac{1}{2}} \cdot H = K_4 H^{\frac{3}{2}} \propto H^{\frac{3}{2}}$$

여기서, K_4 : 비례 상수

출력은 유효 낙치의 $\frac{3}{2}$승에 비례해서 변화한다.

양수 소요 전력(전동기 입력) $P_m = \dfrac{9.8QH}{\eta_p \eta_m}[\text{kW}]$

여기서, Q : 양수 유량[m³/sec], H : 전양정[m]

η_p : 펌프 효율, η_m : 전동기 효율

학습 POINT

① 양수 발전은 심야 전력 등 잉여 전력을 이용해 펌프로 높은 곳으로 물을 끌어올리고, 피크 부하 시 아래로 물을 내려보내 수차를 돌리는 방식의 발전이다.

② 전양정 H는 총낙차 H_0에 물을 끌어오는 도중의 마찰 등에 의한 손실분(손실 수두 h)을 더한 것이다.

신경향 $H = H_0 + h[\text{m}]$

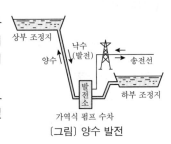

[그림] 양수 발전

③ 양수 발전소의 종합 효율 η는 양수량과 사용 수량이 같은 경우 수차 효율을 η_t, 발전기 효율을 η_g, 펌프 효율을 η_p, 전동기 효율을 η_m이라고 하면, 다음 식으로 구할 수 있다.

$$\eta = \frac{\text{발전 전력 } P_g}{\text{양수 소요 전력 } P_m} = \frac{H_0 - h}{H_0 + h}\eta_t \eta_g \eta_p \eta_m$$

분모 (P_m)

분자 (P_g)

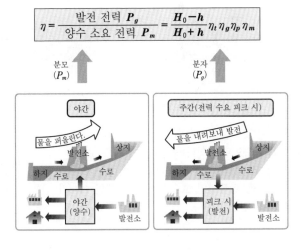

비속도 $N_s = N \dfrac{\sqrt{P}}{H^{\frac{5}{4}}}$[rpm] (편의적인 단위)

여기서, N : 수차의 회전 속도[rpm]

H : 유효 낙차[m], P : 수차의 정격 출력[kW]

🔦**학습 POINT**

① 비속도의 정의 : 수차의 비속도란 '어떤 수차와 기하학적으로 유사한 형태를 유지한 채 크기를 변경해 낙차 1[m]에서 출력 1[kW]를 발생할 때 회전 속도'를 말한다.

② $H^{\frac{5}{4}}$ 계산 방법

$$H^{\frac{5}{4}} = H \cdot H^{\frac{1}{4}} = H \cdot \sqrt{\sqrt{H}} \,(\text{함수 계산기가 아니라도 계산할 수 있는 형태})$$

예 $81^{\frac{5}{4}} = 81 \cdot 81^{\frac{1}{4}} = 81 \cdot \sqrt{\sqrt{81}} = 81 \times 3 = 243$

③ 비속도 N_s의 식 중 수차의 정격 출력 P[kW]는 충동 수차에서는 노즐 1개당, 반동 수차에서는 런너 1개당 출력을 대입하므로 주의해야 한다.

충동 수차	반동 수차
분출수를 런너에 작용시킨다.	물의 반동력으로 수차를 돌린다.

〔그림〕 충동 수차와 반동 수차

④ 수차의 비속도 순위 : 펠톤 수차 ➡ 프란시스 수차 ➡ 사류 수차 ➡ 프로펠러 수차 순으로 커진다(충동 수차는 최소).

⑤ 비속도를 선택할 때 주의할 점 : 수차 종류에 따라 비속도의 적용 한도가 있어, 선택을 잘못하면 효율이 떨어질 뿐만 아니라 진동과 캐비테이션(공동 현상)의 원인이 된다.

(1) **보일러 효율** $\eta_b = \dfrac{Z(i_s - i_w)}{WC}$ [pu]

(2) **사이클 효율** $\eta_c = \dfrac{i_s - i_e}{i_s - i_w}$ [pu]

(3) **터빈 효율** $\eta_t = \dfrac{3\,600 P_t}{Z(i_s - i_e)}$ [pu]

(4) **발전단 효율** $\eta_p = \dfrac{3\,600 P_G}{WC}$ [pu]

(5) **송전단 효율** $\eta = \dfrac{3\,600 P_G}{WC}(1-L) = \eta_p(1-L)$ [pu]

여기서, B : 연료 사용량[kg/h], C : 발열량[kJ/kg]

Z : 유량[kg/h], i_s, i_w, i_e : 엔탈피[kJ/kg]

P_t : 터빈 출력[kW], P_G : 발전기 출력[kW]

L : 소내 비율[pu]

학습 POINT

① 효율 계산에 사용하는 양의 기호는 [그림]과 같다.

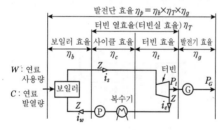

[그림] 효율 계산에 사용하는 기호들

② 발열률 계산에서는 $1[\text{kW} \cdot \text{h}] = 3600[\text{kJ}]$의 전력량↔열량의 환산율을 사용한다.

③ 터빈실 효율 η_T는 복수기를 포함하는 효율이고, 터빈 효율 η_t는 터빈 자체의 효율이다. 각각 다르므로 주의한다.

터빈실 효율 η_T = 사이클 효율×터빈 효율= $\eta_c\, \eta_t$

④ 송전단 전력량 = 발전단 전력량(1−소내 비율)

(1) 연료 소비율 $f = \dfrac{B}{W_g} = \dfrac{3\,600}{H\eta_p}\,[\mathrm{kg/(kW \cdot h)}]$

(2) 증기 소비율 $S = \dfrac{Z}{W_g}\,[\mathrm{kg/(kW \cdot h)}]$

(3) 열소비율 $J = \dfrac{WC}{W_g} = \dfrac{3\,600}{\eta_p}\,[\mathrm{kJ/(kW \cdot h)}]$

여기서, W_g : 발전 전력량[kW·h], W : 연료 소비량[kg]

C : 연료 발열량[kJ/kg], η_p : 발전단 열효율[pu]

Z : 증기 유량[kg]

학습 POINT

① 열소비율 : 1[kW·h]를 발전하는 데 얼마만큼의 열량[kcal]을 소비했는지 나타내는 비율이다. 1[kW·h]=3600[kcal]는 이론값이고, 열소비율은 3600보다 큰 값이 된다.

② 기력 발전소에서의 손실 : 연료가 보유한 열에너지를 100[%]라고 하면, 발전기 출력으로 추출할 수 있는 것 이외에는 손실이 된다. 기력 발전소의 열손실은 복수기 손실이 가장 크고, 굴뚝으로 나가는 배기가스 손실, 발전기나 터빈의 기계 손실 등이 있다.

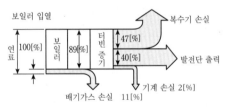

〔그림〕 기력 발전소의 열 감정도

③ 열효율 향상 대책

㉠ 고온·고압 증기를 이용한다.

㉡ 재열·재생 사이클을 이용한다.

㉢ 복수기의 진공도를 높인다.

㉣ 절탄기, 공기 예열기를 설치해서 배기가스 열을 회수한다.

㉤ 복합 사이클을 채용한다.

> **열효율** $\eta = \eta_G + (1 - \eta_G)\eta_S \,[\mathrm{pu}]$
> 여기서, η_G : 가스 터빈의 열효율
> η_S : 증기 터빈의 열효율

학습 POINT

① 복합 사이클은 〔그림 1〕처럼 두 종류의 다른 작동 유체에 의한 사이클을 결합한 것으로, 고온역에 브레이튼 사이클(가스 터빈)을, 저온역에 랭킨 사이클(증기 터빈)을 채용해 열효율 향상을 노린다.

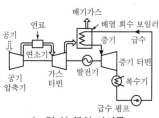

〔그림 1〕 복합 사이클

② 열효율 η의 공식 도출 : 가스 터빈의 입력 열량을 Q_{Gi}, 가스 터빈의 출력 열량을 Q_{Go}, 가스 터빈의 출력을 W_G, 증기 터빈의 출력을 W_S라고 하면, 복합 사이클의 열효율 η는 다음과 같다.

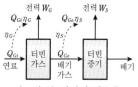

〔그림 2〕 터빈의 열효율

$$\eta = \frac{W_G + W_S}{Q_{Gi}} = \frac{W_G}{Q_{Gi}} + \frac{W_S}{Q_{Gi}} = \frac{W_G}{Q_{Gi}} + \frac{Q_{Go}}{Q_{Gi}} \times \frac{W_S}{Q_{Go}} \quad\cdots\cdots\cdots\cdots\cdots (a)$$

가스 터빈의 출력 열량 Q_{Go}는

$$Q_{Go} = Q_{Gi} - W_G \quad\cdots\cdots\cdots\cdots\cdots\cdots\cdots\cdots\cdots\cdots\cdots\cdots\cdots\cdots (b)$$

이므로, (a)식에 (b)식을 대입하면 다음과 같이 된다.

$$\eta = \frac{W_G}{Q_{Gi}} + \frac{Q_{Gi} - W_G}{Q_{Gi}} \times \frac{W_S}{Q_{Go}} \quad\cdots\cdots\cdots\cdots\cdots\cdots\cdots\cdots (c)$$

여기서, 가스 터빈의 열효율을 η_G, 증기 터빈의 열효율을 η_S라고 하면 각각 다음과 같이 구할 수 있다.

$$\eta_G = \frac{W_G}{Q_{Gi}}, \quad \eta_S = \frac{W_S}{Q_{Go}} \quad\cdots\cdots\cdots\cdots\cdots\cdots\cdots\cdots\cdots (d)$$

(c)식에 (d)식을 대입하면 다음과 같이 열효율을 계산할 수 있다.

$$\eta = \eta_G + (1 - \eta_G)\eta_S \,[\mathrm{pu}]$$

발생 에너지 $E = \Delta mc^2[\text{J}]$

여기서, Δm : 질량 결손[kg], c : 광속($3 \times 10^8[\text{m/sec}]$)

학습 POINT

① 원자의 구조 : 원자 번호 Z인 원자는 Z개의 양자와 N개의 중성자가 결합한 원자핵 주위를 Z개의 전자가 돈다고 생각한다. 질량 수를 A로 하면, 다음과 같은 관계가 성립한다.

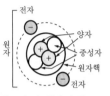

[그림 1] 원자의 구조

질량수 A=양자수 Z+중성자수 N

② 우라늄(U : 원자 번호 92) 235에 중성자(n) 1개가 충돌하면, 스트론튬(Sr : 원자 번호 38)과 제논(Xe : 원자 번호 54) 등으로 분열하고 중성자 2개를 방출한다. 이때, 우라늄 235와 핵분열 생성물의 질량차(질량 결손)에 상당하는 에너지가 방출된다. 이 질량 결손은 우라늄 235의 질량의 약 0.09[%]이다.

* 그 밖에 특정 확률에 따라 세슘과 루비듐, 중성자 4개와 같은 다양한 원소의 조합으로 분열한다.

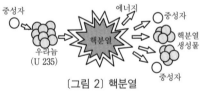

[그림 2] 핵분열

③ 질량 결손에 해당하는 에너지를 구하는 식($E = \Delta mc^2$)은 아인슈타인의 공식으로 불린다. 발생하는 에너지(방출되는 에너지)는 광속 c와 관계된다.

핵분열 후가 조금 가벼워진다.
가벼워진 분량이 에너지로 방출된다.

분열 전의 우라늄 235   중성자   핵분열 생성물   핵분열 시 방출된 중성자

[그림 3] 질량 결손

속도 조정률

$$R = -\frac{\dfrac{N_2 - N_1}{N_n}}{\dfrac{P_2 - P_1}{P_n}} \times 100 [\%]$$

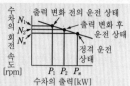

여기서, P_n : 정격 출력[kW], P_1 : 변화 전 부하[kW]

P_2 : 변화 후 부하[kW], N_n : 정격 회전 속도[rpm]

N_1 : 변화 전 회전 속도[rpm]

N_2 : 변화 후 회전 속도[rpm]

학습 POINT

① 속도 조정률의 의미 : 조속기의 설정을 바꾸지 않은 채 수차와 터빈의 부하를 변화시켰을 때 수차와 터빈의 회전 속도가 어느 정도 변화하는지 나타내는 비율이고, 일반적으로 2~4[%] 정도이다.

② 식에 '−'가 붙는 이유 : 수차와 터빈은 부하가 급격히 증가(또는 감소)하면, 회전 속도가 저하(또는 상승)한다. $P_2 > P_1$인 경우에는 $N_2 < N_1$이 되고 식 안의 분자가 '−'가 되지만, 속도 조정률을 '+'로 나타내고자 식 앞에 '−'를 붙인다. 단, 다음과 같이 기억하면 '−'가 필요 없다.

$$R = \frac{\dfrac{|N_2 - N_1|}{N_n}}{\dfrac{|P_2 - P_1|}{P_n}} \times 100 [\%] \quad \text{또는} \quad R = \frac{\dfrac{N_1 - N_2}{N_n}}{\dfrac{P_2 - P_1}{P_n}} \times 100 [\%]$$

③ 동기 발전기에서는 회전 속도 N과 계통 주파수 f[Hz] 사이에는 $N = \dfrac{120f}{P}$ (P : 자극수)의 관계가 성립하므로, 속도 조정률 R은 주파수 변화를 이용해 다음과 같이 나타낼 수도 있다.

$$R = \frac{\dfrac{f_1 - f_2}{f_n}}{\dfrac{P_2 - P_1}{P_n}} \times 100 = \frac{\dfrac{|\Delta f|}{f_n}}{\dfrac{|\Delta P|}{P_n}} \times 100 [\%]$$

전력공학

(1) 3상 단락 용량 $P_s = \sqrt{3}\, V_n I_s = \dfrac{100}{\%Z} P_n$ [VA]

(2) 환산 방법 $\%Z = \dfrac{P_n}{P_A} \times \%Z_A$ [%]

여기서, V_n : 정격 전압[V], I_s : 3상 단락 전류[A]

$\%Z$: 퍼센트 임피던스[%], P_n : 기준 용량[VA]

$\%Z_A$: 용량 P_a[VA]일 때 퍼센트 임피던스[%]

학습 POINT

① 3상 단락 용량 계산에 사용하는 퍼센트 임피던스($\%Z$)는 단락점에서 전원쪽을 본 합성 퍼센트 임피던스로, 모두 기준 용량 P_n으로 환산한 값을 이용한다.

② $\%Z$는 용량이 다른 경우에는 기준 용량으로 환산한다.

③ 차단기의 차단 용량 $= \sqrt{3} \times$ 정격 전압 $\times$ 정격 차단 전류

차단 용량 $\geq$ 3상 단락 용량으로 선정한다.

④ **과전류 보호 협조** : 전로에 과부하와 단락이 발생했을 때 고장 회로의 보호 장치만 동작하고, 다른 회로에서는 수전을 계속해 보호 장치·배선·기기의 손상이 없도록 동작 특성을 조정한다.

예 전로 F점에서 단락 고장 시 동작(그림 1 · 2)

CB_2만 차단하고, CB_1은 차단하지 않은 상태에서 부하 B의 수전을 계속한다.

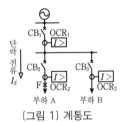

[그림 1] 계통도

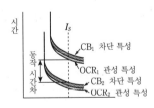

[그림 2] 보호 장치의 시한 협조

인덕턴스 $L = \dfrac{1}{3\omega^2 C}$[H] ($\dot{Z} = j\omega L$의 경우)

여기서, ω : 전원의 각주파수[rad/sec]
　　　　C : 1선의 대지 정전 용량[F]

학습 POINT

① 3상 3선식 중성점 접지의 목적은 이상 전압 발생을 방지하고 경감함으로써 선로와 기기에 요구되는 절연 성능을 경감시키고 보호 계전기를 신속하고 확실하게 동작시키는 것이 대표적이다.

② 중성점 접지 방식은 접지 임피던스의 종류에 따라 아래 표의 4종류가 있다.

〔표〕 중성점 접지 방식 비교

접지 방식	비접지	직접 접지	저항 접지	소호 리액터 접지
임피던스	∞	0	R	$j\omega L$
지락 전류	소	최대	중	최소
건전상 전위 상승	대	소	비접지보다 작다.	대
통신선의 유도 장해	소	최대	중	최소
이상 전압	대	소	중	중
적용	고압 배전선	초고압	66~154[kV]	66~110[kV]

③ 소호 리액터 접지 방식은 소호 리액터의 임피던스를 L[H], 각주파수를 ω[rad/sec], 1선의 대지 정전 용량을 C[F]라고 하면, 다음의 병렬 공진 조건 $\omega L = \dfrac{1}{3\omega C}$[Ω]이 성립할 때 지락 전류를 0으로 할 수 있다.

④ 보상 리액터 : 저항 접지 방식의 특고압 케이블 계통에 적용한다. 지락 전류의 앞선 위상각이 커지면, 보호 계전기 동작이 발생하므로, 중성점 저항과 병렬로 리액터를 연결해 보호 계전기의 동작을 안정화한다.

(1) 정전 유도 전압 $E_s = \dfrac{C_m}{C_m + C_s} E_0 [\text{V}]$

(2) 전자 유도 전압 $\dot{E}_m = j\omega M l (\dot{I}_a + \dot{I}_b + \dot{I}_c)$
$\qquad\qquad\quad = j\omega M l 3 \dot{I}_0 [\text{V}]$

여기서, C_m : 송전선과 통신선 간의 정전 용량[F]

$\qquad C_s$: 통신선의 대지 정전 용량[F]

$\qquad E_0$: 송전선의 대지 전압[V], ω : 각주파수[rad/sec]

$\qquad M$: 송전선과 통신선과의 상호 인덕턴스[H/km]

$\qquad l$: 송전선과 통신선의 병행 길이[km]

$\qquad I_0$: 영상 전류[A]

학습 POINT

① 송전선과 통신선 등이 근접 병행하는 경우 콘덴서 분압으로 통신선에 정전 유도 전압이 발생하고 유도 장해가 일어난다. 정전 유도 전압의 크기는 송전선 전압에 비례한다.

〔그림 1〕 정전 유도 전압

〔그림 2〕 전자 유도 전압

② 송전선과 통신선이 근접 병행하는 경우 지락 등으로 영상 전류가 흘러 통신선에 전자 유도 전압이 나타나고 유도 장해를 일으킨다(그림 2). 전자 유도 전압의 크기는 영상 전류에 비례한다.

③ 유도 장해 방지 대책

　　㉠ 두 전선의 이격 거리 증가

　　㉡ 송전선의 연가

　　㉢ 금속 차폐층이 있는 통신 케이블 사용

　　㉣ 고저항 접지 또는 비접지 채용

　　㉤ 지락 전류의 고속도 차폐

　　㉥ 통신선에 통신용 피뢰기 설치

정전 유도 대책

전자 유도 대책

전기 방식	부하 전력[W]	전력 손실[W]
단상 2선식	$P = VI\cos\theta$	$p = 2RI^2$
단상 3선식	$P = 2VI\cos\theta$	$p = 2RI^2$
3상 3선식	$P = \sqrt{3}\,VI\cos\theta$	$p = 3RI^2$

여기서, V : 부하의 선간 전압(단상 3선식에서는 전압선~중성선 간의
전압)[V], I : 부하 전류[A]

$\cos\theta$: 부하 역률, R : 1선당 선로 저항[Ω]

전력공학

학습 POINT

① 저압 배전선에는 일반적으로 단상 2선식, 단상 3선식, 3상 3선식이 채용된다.

② 공장이나 빌딩에서는 중성점 직접 접지 3상 4선식에 의한 320/220[V]도 채용된다.

③ 20[kV]·30[kV] 배전에서는 일반적으로 중성점 고저항 접지 3상 3선식이 채용된다.

④ 3상 3선식의 전력 손실

㉠ 전력 손실의 기본형은 $P_l = 3RI^2$[W]이다.

㉡ 부하 전력 $P = \sqrt{3}\,VI\cos\theta$ 를 $I = \dfrac{P}{\sqrt{3}\,V\cos\theta}$ 로 변형해서 대입하면, 전력 손실 P_l은 다음처럼 표현할 수 있다.

$$P_l = 3RI^2 = 3R\left(\frac{P}{\sqrt{3}\,V\cos\theta}\right)^2 = \frac{RP^2}{(V\cos\theta)^2}\text{[W]}$$

㉢ 전력 손실은 부하 전력의 제곱에 비례하고, 부하의 전압과 역률의 제곱에 반비례한다.

⑤ 부하 전력에 대한 전력 손실 비율을 전력 손실률이라고 한다.

$$\text{전압 손실률} = \frac{\text{전력 손실 } P_l}{\text{부하 전력 } P} \times 100\text{[%]}$$

$$\text{전압 강하율} = \frac{\text{전압 강하 } e}{\text{수전단 전압 } V_r} \times 100\text{[%]}$$

앞선의 경우 e가 '−'가 되어 송전단 전압 $V_s < V_R$의 관계가 되는 것을 페란티 효과라고 한다. 페란티 효과로 수전단 전압은 상승하게 된다.

(1) **단상 2선식** $e = 2I(R\cos\theta + X\sin\theta)[\text{V}]$
(2) **3상 3선식** $e = \sqrt{3}\,I(R\cos\theta + X\sin\theta)[\text{V}]$

여기서, I : 선로 전류[A], R : 1선당 저항[Ω]
X : 1선당 리액턴스[Ω], $\cos\theta$: 부하 역률

학습 POINT

① 전압 강하 e = 송전단 전압 V_S − 수전단 전압 V_R

② $(R\cos\theta + X\sin\theta)[\text{Ω}]$을 등가 저항이라고 한다.

③ 3상 3선식 전압 강하 : 송전단 선간 전압을 V_S, 수전단 선간 전압을 V_R,

송전단 상전압을 $E_S\left(=\dfrac{V_S}{\sqrt{3}}\right)$, 수전단 상전압을 $E_R\left(=\dfrac{V_R}{\sqrt{3}}\right)$ 이라고 하면,

단상 등가 회로는 〔그림 1〕처럼 되고, 전압과 전류 벡터는 〔그림 2〕처럼
된다. 여기서, E_S는 OC에 거의 같다고 하면, 전압 강하 e는 다음과 같아
진다.

$$e \fallingdotseq \frac{V_S}{\sqrt{3}} - \frac{V_R}{\sqrt{3}} = I(R\cos\theta + X\sin\theta)[\text{V}]$$

3상 3선식 전압 강하 e는 다음과 같이 적용한다.

$$e = \sqrt{3}\,I(R\cos\theta + X\sin\theta)[\text{V}]$$
$$e = \sqrt{3}\,(R \cdot \underbrace{I\cos\theta}_{\text{유효 전류}} + X \cdot \underbrace{I\sin\theta}_{\text{무효 전류}})[\text{V}]$$

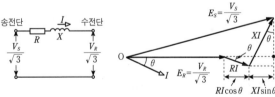

〔그림 1〕 단상 등가 회로   〔그림 2〕 전압 · 전류 벡터도

중성선의 전류 $|I_1-I_2|$[A]

부하의 단자 전압 $V_1=V_0-R_v I_1-R_N(I_1-I_2)$[V]
$$V_2=V_0-R_v I_2+R_N(I_1-I_2)\,[V]$$

여기서, I_1, I_2 : 전압선의 전류[A], V_0 : 전원 전압[V]
R_a : 전압선의 저항[Ω], R_N : 중성선의 저항[Ω]

학습 POINT

① [그림 1]의 단상 3선식(100/200[V])은 단상 2선식(100[V])과 비교했을 때 100[V] 부하와 200[V] 부하 양쪽에 대응할 수 있다.

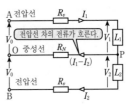

[그림 1] 단상 3선식

② 단상 3선식의 중성선 전류는 부하가 평형인 경우에는 0[A]이지만, 불평형일 때는 ≠0[A]이다.

③ [그림 1]에서는 중성선에는 전압선에서의 차에 해당하는 전류가 흐르고, $I_1>I_2$라고 하면, (I_1-I_2)가 P에서 O로 향해 흐른다.

④ 밸런서가 있는 경우의 단자 전압

　㉠ 밸런서는 권수비 1:1인 단권 변압기이다.

　㉡ 부하가 불평형인 경우 [그림 2]처럼 밸런서를 선로 말단에 연결하면 중성선 전류는 0, 전압선 전류는 $\dfrac{I_1+I_2}{2}$가 된다.

[그림 2] 밸런서 방식

　㉢ 이 경우의 부하 단자 전압은 다음 식으로 표현되고, 전압의 불평형이 해소된다.

$$V_1=V_2=V_0-R_v\frac{(I_1+I_2)}{2}\,[V]$$

⑤ 단상 3선식에서는 중성선이 단선되면 이상 전압이 발생하는 일이 있으므로 중성선에 퓨즈를 넣어서는 안 된다.

⑥ 부하가 평형이면 단상 3선식의 양 외선의 전류는 단상 2선식의 $\dfrac{1}{2}$이 된다. 중성선의 전압 강하는 부하가 평형일 때 0이지만, 전압선과 중성선 간의 전압 강하는 $\dfrac{1}{4}$이 된다.

(1) **V결선의 이용률** $= \dfrac{\sqrt{3}}{2} = 0.866$

(2) **출력비** $= \dfrac{1}{\sqrt{3}}$

⚡학습 POINT

① 이용률과 출력비 : [그림 1]의 V결선에서는 상전압 $E=$선간 전압, 상전류 $I=$선전류이다. 2개의 독립된 전원으로 공급할 수 있는 전력을 P_2[W], V결선으로 공급할 수 있는 전력을 P_v[W], 부하 역률을 $\cos\theta$라고 하면 V결선의 이용률은 다음과 같다.

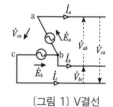

[그림 1] V결선

$$V결선의 이용률 = \frac{P_v}{P_2} = \frac{\sqrt{3}\,EI\cos\theta}{2EI\cos\theta} = \frac{\sqrt{3}}{2}$$

$\triangle$결선의 전원으로부터 공급할 수 있는 전력을 $P_\triangle$[W]라고 하면,

$$출력비 = \frac{P_v}{P_\triangle} = \frac{\sqrt{3}\,EI\cos\theta}{3EI\cos\theta} = \frac{1}{\sqrt{3}}$$

② 다른 용량 V결선 변압기의 용량 : [그림 2]의 다른 용량 V결선은 용량이 다른 단상 변압기를 V결선한 것으로, 앞선 접속과 지연 접속이 있다. 공용 변압기 용량 S는 다음과 같다.

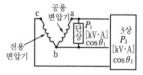

[그림 2] 다른 용량 V결선

㉠ 앞선 접속 : 단상 부하를 ab 사이에 접속한다.

$$S = \sqrt{P_1^{\,2} + \frac{1}{3}P_3^{\,2} + \frac{2}{\sqrt{3}}P_1 P_3 \cos(30°+\theta_3-\theta_1)}\ [kV\cdot A]$$

㉡ 지연 접속 : 단상 부하를 bc 사이에 접속한다.

$$S = \sqrt{P_1^{\,2} + \frac{1}{3}P_3^{\,2} + \frac{2}{\sqrt{3}}P_1 P_3 \cos(30°+\theta_1-\theta_3)}\ [kV\cdot A]$$

(1) 기준 용량 환산 합성 퍼센트 임피던스

$$\%Z = \frac{1}{\dfrac{1}{\%Z_1{}'} + \dfrac{1}{\%Z_2{}'} + \dfrac{1}{\%Z_3{}'}} \ [\%]$$

(2) 3상 단락 전류

$$I_s = \frac{100}{\%Z} \times I_n \, [\text{A}]$$

(3) 단상(선간) 단락 전류

$$I_s{}' = \frac{\sqrt{3}}{2} \times I_s \, [\text{A}]$$

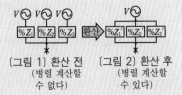

〔그림 1〕 환산 전
(병렬 계산할
수 없다)

〔그림 2〕 환산 후
(병렬 계산할
수 있다)

여기서, $\%Z_1{}' \sim \%Z_3{}'$: 기준 용량 환산 퍼센트 임피던스[%]

I_n : 정격 전류(기준 용량 베이스)

학습 POINT

① 단락 전류 계산에는 옴법을 이용한 풀이와 퍼센트 임피던스법을 이용한 풀이가 있다.

참고 **옴법** : 권수비를 a라고 하면, 임피던스값[Ω]을 전원측으로 환산할 때에는 a^2배, 부하쪽으로 환산할 때에는 $\dfrac{1}{a^2}$배 해야만 한다.

② 변압기가 여러 단에 걸쳐 접속된 경우에는 임피던스 환산 시간이 크게 증가하므로, 퍼센트 임피던스법을 이용하는 편이 유리하다.

③ 발전기와 변압기에는 정격 용량이 있어, 그 정격 용량을 기준 용량으로 $\%Z$ 값이 표시된다.

④ 퍼센트 임피던스($\%Z$)

$$\%Z = \frac{ZI_n}{E_n} \times 100 = \frac{ZI_n}{\dfrac{V_n}{\sqrt{3}}} \times 100 = \frac{\sqrt{3}\, ZI_n}{V_n} \times 100$$

$$= \frac{\sqrt{3}\, V_n I_n Z}{V_n{}^2} \times 100 = \frac{ZP_n}{V_n{}^2} \times 100 \, [\%]$$

여기서, E_n : 정격 상전압[V], Z : 임피던스[Ω]

I_n : 정격 전류[A], V_n : 정격 선간 전압[V]

P_n : 정격 용량[VA]

비접지 계통의 1선 지락 전류 $I_g = \dfrac{\dfrac{V}{\sqrt{3}}}{\sqrt{{R_g}^2 + \left(\dfrac{1}{3\omega C}\right)^2}}$ [A]

여기서, V : 3상 비접지식 배전 선로의 선간 전압[V]
R_g : 지락 저항[Ω], ω : 각주파수[rad/sec]
C : 고압 배전선의 1선당 대지 정전 용량[F]

학습 POINT

① 비접지 계통 지락 전류 계산의 첫 걸음은 테브난의 정리를 이해하고, 지락 시 등가 회로를 그리는 것이다.

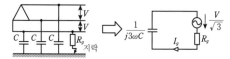

〔그림〕 테브난의 정리에 의한 등가 회로 변환

② 접지 방식별 지락 전류(비접지 방식 이외) : 상전압이 E[V]일 때 1선 지락 전류 I_g[A]는 〔표〕와 같다.

〔표〕 1선 지락 전류를 구하는 공식

직접 접지 $\dot{Z}_n = 0$	〔회로〕 i_g, $\dot{Z}_1$, $\dot{E}$	$\dot{I}_g = \dfrac{\dot{E}}{\dot{Z}_1}$ ($\dot{Z}_1$: 선로의 임피던스)
저항 접지 $\dot{Z}_n = R_n$	〔회로〕 i_g, R_n, $C\,C\,C$, $\dot{E}$	$\dot{I}_g = \left(\dfrac{1}{R_n} + j3\omega C\right)\dot{E}$ [*]
소호 리액터 접지 $\dot{Z}_n = j\omega L$	〔회로〕 i_g, L, $C\,C\,C$, $\dot{E}$	$\dot{I}_g = \left(\dfrac{1}{j\omega L} + j3\omega C\right)\dot{E}$ [*] 병렬 공진일 때는 0

[*]선로 임피던스 ≒ 0인 조건에서 테브난의 정리를 이용해서 도출

58

(1) 전선의 이도(늘어짐)

$$D = \frac{WS^2}{8T}[\text{m}]$$

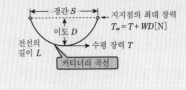

경간 S — 지지점의 최대 장력 $T_m = T + WD[\text{N}]$
이도 D
전선의 길이 L — 수평 장력 T
커티너리 곡선

(2) 전선의 길이(실제 길이)

$$L = S + \frac{8D^2}{3S}[\text{m}]$$

여기서, T : 전선 최저점의 수평 장력[N]
　　　　W : 전선 1[m]당 합성 하중[kg], S : 경간[m]

학습 POINT

① 이도 D를 구하는 식은 $D = \dfrac{WS^2}{8T}[\text{m}]$로 기억한다.

② 식에 사용된 기호의 의미를 기억해두면 편리하다.
　D : Dip(늘어짐, 이도), T : Tension(장력), W : Weight(하중)
　S : Span(경간), L : Length(길이)의 줄임말

③ 장력은 전선의 경간 위치에 따라 변화한다.
　T는 전선 최저점의 수평 장력으로, 전선의 지지점에서는 최대 장력 T_m이
　되어, $T_m = T + WD[\text{N}]$으로 계산할 수 있다.

④ 전선 1[m]당 합성 하중 W : 합성 하중은 피타고라스의 정리를 이용해서
　다음처럼 구할 수 있다.

$$W = \sqrt{(w + w_i)^2 + w_w{}^2}\,[\text{kg}]$$

빙설
풍압
w_w
풍압
$w + w_i$
W
자중　빙설

〔그림〕 전선의 합성 하중

여기서, w : 전선의 자중[kg]
　　　　w_i : 빙설 하중[kg]
　　　　w_w : 풍압 하중[kg]

⑤ 온도 변화에 따른 전선의 길이 : $T_1[℃]$일 때 실제 길이를 $L_1[\text{m}]$이라고 하
　고, 전선의 선팽창 계수를 $\alpha[1/\text{K}](\alpha > 0)$이라고 하면, 온도 $T_2[℃]$일 때 전
　선의 실제 길이 $L_2[\text{m}]$는 다음 식과 같다.

$$L_2 = L_1\{1 + \alpha\underbrace{(T_2 - T_1)}_{\text{온도차}}\}[\text{m}]$$

㉠ $T_2 - T_1 > 0$이면 온도 상승으로, $L_2 > L_1$이 된다.

㉡ $T_2 - T_1 < 0$이면 온도 저하로, $L_2 < L_1$이 된다.

(1) 저항 $R = \rho \dfrac{l}{A}$ [Ω]

(2) 인덕턴스 $L = \underbrace{0.05}_{\text{제1항}} + \underbrace{0.4605 \log_{10} \dfrac{D}{r}}_{\text{제2항}}$ [mH/km]

(3) 정전용량 $C = \dfrac{0.02413}{\log_{10} \dfrac{D}{r}}$ [μF/km]

(4) 누설 컨덕턴스 g[℧](보통은 무시)

여기서, ρ : 전선의 저항률[Ω·m], A : 단면적[m²]

　　　 l : 길이[m], r : 전선의 반지름, D : 선간 거리

🔋 학습 POINT

① 전도율은 경동선 97[%], 경알루미늄선 61[%]이다.

② 인덕턴스 L은 제1항의 내부 인덕턴스가 제2항의 외부 인덕턴스에 비해 매우 작으므로, 제1항을 무시하면, $\log_{10} \dfrac{D}{r}$ 에 비례한다.

③ L 값은 전선에서는 크고, 케이블에서는 작다.

④ 정전 용량 C는 $\log_{10} \dfrac{D}{r}$ 에 반비례한다.

⑤ C 값은 전선에서는 작고 케이블에서는 크다.

⑥ D는 가공 전선에서는 선간 거리를, 케이블에서는 절연층 외장 반경을 이용한다. 가공 계통에서 〔그림 1〕처럼 3상 선간 거리가 다른 경우에는 등가 선간 거리 D_e를 사용한다.

$$D_e = \sqrt[3]{D_a\,D_b\,D_c} \text{ [m]}$$

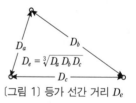

〔그림 1〕 등가 선간 거리 D_e

⑦ 누설 컨덕턴스 G는 누설 저항의 역수로, 값이 작으므로 일반적으로 무시한다.

⑧ **연가** : 각 상의 인덕턴스와 정전 용량의 전기적인 불평형을 없애고, 통신선에 대한 유도 장해를 줄인다.

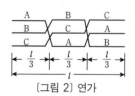

〔그림 2〕 연가

(1) 작용 정전 용량 $C = C_s + 3C_m$ [F]

(2) 충전 전류 $I_c = \dfrac{\omega CV}{\sqrt{3}} = \dfrac{2\pi f CV}{\sqrt{3}}$ [A]

(3) 충전 용량 $Q = \sqrt{3}\,VI_c = \omega CV^2$ [Var]

여기서, C_s : 대지 정전 용량[F], C_m : 선간 정전 용량[F]

ω : 각주파수[rad/sec], V : 선간 전압[V]

f : 주파수[Hz]

전력공학

학습 POINT

① 작용 정전 용량 C는 1상분의 정전 용량을 나타낸 것이다. 선간 정전 용량 C_m은 △에서 Y 변환하면 $3C_m$이 되고, 대지 정전 용량 C_s와 병렬 접속하므로, 작용 정전 용량은 $C = C_s + 3C_m$이 된다.

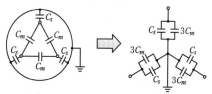

〔그림 1〕 3심 케이블의 정전 용량

② 케이블의 충전 용량 I_c는 $\dfrac{\text{상전압}}{\text{용량성 리액턴스}}$ 으로 구할 수 있다. 용량성 리액턴스 X_c는 다음과 같다.

$$X_c = \frac{1}{\omega C} = \frac{1}{2\pi f C}\,[\Omega]$$

케이블의 충전 용량 I_c는 다음과 같이 구한다.

$$I_c = \frac{\dfrac{V}{\sqrt{3}}}{\dfrac{1}{2\pi f C}} = \frac{2\pi f CV}{\sqrt{3}}\,[A]$$

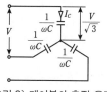

〔그림 2〕 케이블의 충전 용량

③ 충전 용량은 충전 전류 I_c를 이용해 다음 식으로 구할 수 있다.

$$Q = \sqrt{3}\,VI_c = 2\pi f CV^2\,[\text{Var}]$$

61

허용 전류 $I = \sqrt{\dfrac{1}{nr}\left(\dfrac{T_1 - T_2}{R_{th}} - W_d\right)}$ [A]

여기서, n : 케이블 선심수[심], r : 도체 저항[Ω/m]

R_{th} : 전열 저항[km/W]

T_1 : 케이블의 도체 최고 허용 온도[℃]

T_2 : 대지의 기저 온도[℃], W_d : 유전체손[W/m]

학습 POINT

① 열회로의 옴법칙 : 열류[W]$=\dfrac{온도차[K]}{열저항[K/W]}$

에서 다음 식이 성립한다.

$$nrI^2 + W_d = \dfrac{T_1 - T_2}{R_{th}}$$

$$\therefore I = \sqrt{\dfrac{1}{nr}\left(\dfrac{T_1 - T_2}{R_{th}} - W_d\right)}$$

〔그림〕 CVT 케이블의 구조

② 케이블의 전력 손실 : 도체의 줄열에 의한 전력 손실, 케이블 특유의 유전체손과 시스손이 있다. 허용 전류 계산에는 금속 시스가 있는 경우만 시스손을 고려한다.

③ 허용 전류 증대 방법

　㉠ 전력 손실을 줄인다. : 도체 크기를 크게 한다.

　㉡ 절연체를 내열화한다. : 내열성이 큰 재료(가교 폴리에틸렌)나 유전 정접($\tan\delta$)이 작은 절연물을 채용한다.

　㉢ 발생열을 냉각 및 제거한다. : 케이블을 냉각수 등으로 외부에서 냉각한다.

④ 상시 허용 전류 이외의 전류

　㉠ 단시간 허용 전류 : 부하를 다른 계통으로 전환하는 등 몇 시간 내로 한정해 상시 허용 전류를 넘어서 흘려보낼 수 있는 전류이다.

　㉡ 순시 허용 전류 : 단락 시 차폐기에 의해 차폐되기 전까지만 흘려보낼 수 있는 전류이다.

II

필수 용어 해설

용어 01 수력 발전소의 분류

수력 발전소의 종류를 물의 이용면과 구조면에서 분류하면 다음과 같다.

물의 이용면에서의 분류	구조면에서의 분류
저수지식	댐식
조정지식	수로식
유입식	
양수식	댐수로식

 용어 02 수력 발전소의 구조면에 따른 분류

① 수로식 : 하천 상류 취수구에서 물을 도입해 긴 수로로 적절한 낙차를 얻을 수 있는 곳까지 물을 끌어와서 발전한다.

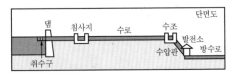

② 댐식 : 하천 폭이 좁고 양 둔덕의 암반이 높게 우뚝 솟은 지형에 댐을 구축하고, 그 낙차를 이용하여 발전한다.

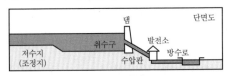

③ 댐수로식 : 댐식과 수로식을 조합한 방식으로, 댐의 물을 수로를 통해 하류로 끌어와서 큰 낙차를 이용하여 발전한다.

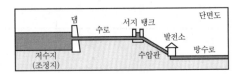

64

용어 03 ▷ 댐의 분류

대표적인 댐으로는 다음과 같은 종류가 있다.

중력식 댐	아치 댐	록필 댐
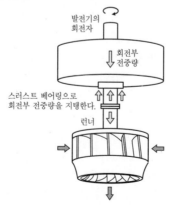		
(수직 단면)	(수평 단면)	(수직 단면)
댐의 콘크리트 중력으로 수압을 견딘다. 콘크리트 양을 줄이기 위해 버트레스(부벽)를 설치하는 중공식도 있다.	아치 작용으로 수압을 양안의 암반으로 지탱하므로 댐의 두께가 얇고, 콘크리트 등의 재료가 적게 들어간다(후버 댐).	3층 5중 구조의 댐으로 바깥쪽은 암석을 쌓아올리고, 중간층은 자갈, 안쪽은 누수 방지를 위한 차수성 재료를 이용한다.

용어 04 ▷ 직축형 수차

소용량 고속기에는 횡축형이 채용되지만, 대용량 저속기에는 직축형이 사용된다. 직축형에서는 스러스트 베어링이 회전부의 중량과 스러스트(추진력)를 지탱하는 작용을 한다.

발전기의
회전자

회전부
전중량

스러스트 베어링으로
회전부 전중량을 지탱한다.

런너

용어 05 캐비테이션

유수에 접촉하는 기계 표면이나 표면 가까이에 공동이 발생하는 현상을 말한다. 수차가 있는 부분에서 물의 흐름이 빨라지면, 속도 에너지가 증가한 만큼 압력 에너지가 감소된다. 이때, 물이 증발하면서 공기가 분리되어 기포가 발생한다.

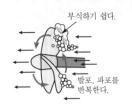

부식하기 쉽다.

발포, 파괴를 반복한다.

유속이 원래대로 돌아오면 수압도 원래 압력으로 돌아오므로, 기포는 유수와 함께 흐르다가 마지막엔 붕괴된다. 이때, 수차 표면에 큰 충격이 발생하고 유수와 접한 금속면의 부식이나 진동, 소음을 발생시켜 효율을 저하시킨다.

캐비테이션 발생 방지 대책으로는 경부하, 과부하 운전을 피하고 흡출 높이를 적절히 선정한다.

용어 06 수격 작용

수차 밸브를 짧은 시간에 폐쇄하면 수압관 내 물의 운동 에너지가 변화한다. 밸브 직전의 수압이 높아지고, 그 압력은 압력파가 되어 상류로 전해진다. 압력파는 관 입구에서 반사되어, 마이너스의 압력파가 되어 반대로 밸브 쪽으로 전해진다.

이 충격으로 수압관 설비가 파손되는 경우도 있다. 밸브를 닫는 속도가 빠르거나 수압관 길이가 긴 경우에 특히 수격 작용이 현저해진다.

압력 변동 / 시간 → 운동 에너지

변환

압력 에너지

압력 변동 / 시간

수압 변동 발생

도수로(압력 터널)
취수구
서지 탱크
수압 철관
저수지
발전소
방수로
댐

수격 작용 방지 대책은 다음과 같다.
① 수압 상승을 억제하기 위해 밸브 폐쇄 시간을 길게 한다.
② 수압 철관과 압력 터널 접속부에 서지 탱크를 설치한다.
③ 펠턴 수차에서는 디플렉터(deflector)를 설치한다.
④ 반동 수차에서는 제압기(압력 조절 장치)를 설치한다.

용어 07 흡출관

프란시스 수차, 사류 수차, 프로펠러 수차 등 반동 수차의 출구에서 방수면에 이르는 접속관이다. 동판 또는 콘크리트로 만들어지고, 원뿔형이나 엘보형이 있다.

흡출관의 역할은 다음과 같다.

① 러너와 방수면 사이의 낙차를 유효하게 이용한다.

② 러너에서 방출된 물의 운동 에너지를 위치 에너지로 회수해 흡출관 출구의 폐기 손실을 작게 한다.

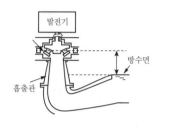

용어 08 가변속 양수 발전 시스템

기존에는 양수 발전소에서 사용되는 발전 전동기는 일정한 회전 속도(동기 속도)로 운전했으므로, 양수 운전 시 입력이 일정했다. 양수 운전 시 회전 속도를 가변으로 하여 양수량을 변경할 수 있게 만든 것이 양수 발전 시스템으로 특징은 다음과 같다.

① 심야 등 최대 부하가 아닐 때 양수 운전으로 전력을 조정할 수 있게 되고, AFC(자동 주파수 제어 장치)로 주파수를 조정할 수 있다.

② 대규모 전원 사고로 정지 시나 부하 급증 시 등에서 발전 전동기를 가변속 범위 내 임의의 회전 속도로 운전할 수 있으므로, 운전 시작부터 계통 병입까지의 소요 시간을 대폭 단축할 수 있다.

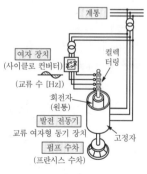

어떤 수차와 기하학적으로 닮은 수차를 가정하고, 낙차 1[m]에서 1[kW]의 출력을 발생하게 했을 때 분당 회전 속도이다. 일반적으로 비속도가 작은 수차는 고낙차에 적합하고, 비속도가 큰 수차는 저낙차에 적합하다.

이 때문에 펠톤은 고낙차, 프로펠러는 저낙차, 프란시스는 그 중간 낙차에 이용된다.

비속도 $N_s = N \times \dfrac{\sqrt{P}}{H^{\frac{5}{4}}}$ [rpm] (편의적 단위)

여기서, N : 수차의 정격 회전 속도[rpm], H : 유효 낙차[m]

      P : 펠톤 수차에서는 노즐 1개당 출력[kW]

        반동 수차에서는 러너 1개당 출력[kW]

각 수차의 비속도는 낙차에 대한 강도, 효율 및 캐비테이션 등으로 범위가 정해진다.

계통의 부하 증감이나 사고 등으로 부하가 급격히 감소하면, 수차나 터빈의 회전 속도가 변하고 발전기의 주파수도 변한다. 주파수를 규정값으로 유지하기 위해서 조속기가 회전 속도 변화를 검출하고 펠톤 수차에서는 니들 밸브를, 프란시스 수차에서는 가이드 베인을, 터빈에서는 입구 밸브를 조정한다. 이처럼 수차의 유입 수량이나 증기 유입량을 조정함으로써 회전 속도와 주파수를 규정값으로 유지한다.

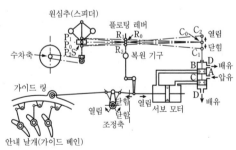

[그림] 프란시스 수차의 조속기 구조

용어 11 랭킨 사이클

기력 발전소의 기본 사이클로, T-s(온도-엔트로피) 선도를 이용해 상태 변화 관계를 나타내면 다음과 같다.

① 급수 펌프로 급수를 압축한다.

② 보일러에서 물이 증발해 습증기가 된다.

③ 다시 과열기로 가열해 과열 증기로 만든다.

④ 터빈으로 증기를 단열 팽창시킨다.

⑤ 증기는 복수기에서 응축되어 물로 돌아간다.

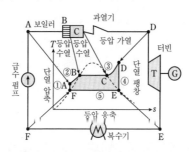

용어 12 충동 터빈과 반동 터빈

터빈의 동력부에는 고정측의 노즐(정익)과 회전 날개(동익)가 있고, 증기 에너지 이용 방법에 따라 다음과 같은 2가지 종류가 있다.

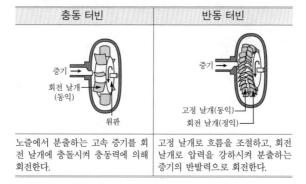

충동 터빈	반동 터빈
노즐에서 분출하는 고속 증기를 회전 날개에 충돌시켜 충동력에 의해 회전한다.	고정 날개로 흐름을 조절하고, 회전 날개로 압력을 강하시켜 분출하는 증기의 반발력으로 회전한다.

복수기는 터빈에서 일한 증기를 냉각수(바닷물)로 냉각 응축해 물로 되돌리고, 복수로서 회수하는 설비이다. 냉각수로 냉각 응축하면 체적이 현저히 감소해 고진공을 얻을 수 있으므로, 터빈의 열유효 낙차가 증가해서 열효율이 높아진다. 실제 화력 발전소에서는 진공도 95~98[kPa]로 운전한다. 또한, 화력 발전소의 손실 중 복수기 손실이 가장 커서 약 50[%]에 이른다.

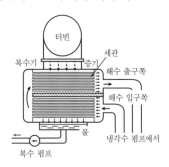

① 복수 터빈 : 터빈에서 일한 증기를 냉각 응축해 열효율을 높이기 위해 복수기가 설치되어 있다. 이 타입은 대형 발전용 터빈으로 이용된다.

② 배압 터빈 : 복수기를 설치하지 않고, 터빈에서 일한 다량의 증기를 일정 압력의 공장 프로세스 증기로 내보내는 터빈이다. 전력 발생과 함께 저압 배기를 이용할 수 있다.

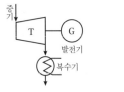

〔그림 1〕 복수 터빈

〔그림 2〕 배압 터빈

용어 15 > LNG(액화 천연가스)

천연가스를 액화한 것으로, 주성분은 메탄(CH_4)이다. 끓는점은 -162[℃]이고, 기체인 메탄이 액체가 되면 체적은 $\frac{1}{600}$이 된다. LNG는 액화 과정에서 필요 없는 성분이 분리·제거되어 연소 시 유황산화물을 생성하지 않으므로, 비교적 깨끗한 연료이다. LNG를 사용할 때는 해수열 등을 이용해 기화한다.

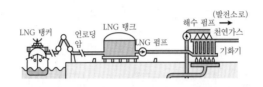

용어 16 > 셰일 가스

지하 2000~3000[m] 혈암층(셰일층) 틈에 있는 천연가스로, 기술이 발달함에 따라 셰일층에서 대량으로 채취할 수 있다. 앞으로 기력 발전 연료의 하나로 기대된다.

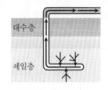

용어 17 > 수소 냉각 발전기

대용량 터빈 발전기에서는 냉각 매체로 수소 가스를 이용하는 수소 냉각이 많이 사용된다.

공기 냉각에 대한 수소 냉각의 특징은 다음과 같다.
① 풍손이 감소하므로, 발전기의 효율이 향상된다.
② 수소의 열전도율은 크므로, 냉각 효과가 향상된다.
③ 수소는 절연물에 대해 불활성이고, 코로나 발생 전압이 높아 절연물의 열화가 적다.
④ 공기가 침입하면 인화 및 폭발 위험이 있으므로, 확실하게 밀봉할 필요가 있다.

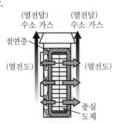

〔그림〕 수소 냉각 전기자 코일 단면

중유 등의 연료를 연소시키려면 이론 공기량 A_0에 공기비를 곱한 공급 공기량 A가 필요해진다. 이들의 연소 결과로 생성되는 연소 가스 W는 다음 식으로 구할 수 있다.

$$W = G + (A - O_0) \, [\text{Nm}^3]$$

여기서, G : 연료가 연소해 생성되는 가스의 양, O_0 : 이론 산소량

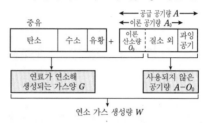

화력 발전소의 환경 대책을 아래 표에 정리했다.

종류	방지 대책	개요
유황 산화물 (SO_X)	저유황 연료	중유 대신에 원유, 나프타, LNG를 사용한다.
	배연 탈황 장치	석회 석고법 등으로 배기가스 중의 SO_X를 제거한다.
질소 산화물 (NO_X)	이단 연소법	연소 온도를 내려 NO_X를 저감한다.
	배기가스 혼합법	연소용 공기에 재순환 가스를 혼합해 산소 함유율을 줄인다.
	배연 탈초 장치	암모니아법 등으로 배기가스 중의 NO_X를 제거한다.
매진	집진 장치	배기가스 중의 매진을 제거한다.

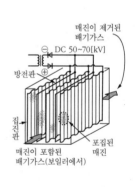

집진 장치에는 기계식과 전기식이 있고, 앞단의 기계식에서는 큰 매진을 제거하고, 뒷단의 전기식 집진기는 가스 중의 입자를 음전하로 대전시켜 양 전극에서 작은 매진을 제거한다.

용어 20 ▶ 복합 사이클 발전(CC 발전)

가스 터빈 발전과 증기 터빈 발전을 조합한 발전 방식으로, 고온부에 1500[℃]급 가스 터빈을 적용하여, 배열 회수 보일러로 회수한 에너지를 증기계에서 유효하게 회수함으로써 종합 열효율은 약 60[%]로 높다.

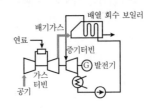

가스 터빈쪽 연소용 공기의 흐름은

압축기 → 연소기 → 터빈 → 배열 회수 보일러 순이다.

복합 사이클 발전 전체의 효율 η는 가스 터빈 발전 효율을 η_G, 증기 터빈 발전 효율을 η_S라고 할 때 다음과 같이 구할 수 있다.

$$\eta = \eta_G + (1 - \eta_G)\eta_S$$

연료 소비도 작고, 이산화탄소 배출량도 적은 친환경 발전 방식이다.

용어 21 ▶ 코제너레이션 시스템

가스, 석유와 같은 한 종류의 연료에서 두 종류 이상의 에너지를 발생시키는 시스템이다. 가스 터빈, 디젤 엔진, 연료 전지 등으로 발전하면서 동시에 배열을 이용해 증기, 급탕, 냉·난방 등의 열 수요에도 대응할 수 있다.

필요한 장소에 설치할 수 있으므로 송·배전 손실이 없고 종합 열효율이 80[%] 정도로 높아 에너지 절약 시스템으로서 기대된다. 코제너레이션 시스템의 운전에는 전력 또는 열 중 어느 것을 주로 운전하냐에 따라 전주열종 운전과 열주전종 운전이 있다.

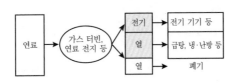

용어 22 ▶ 비등수형 경수로(BWR)

경수를 원자로 내에서 가열·증발시켜 직접 증기 터빈으로 보내 발전하는 방식으로, 터빈계를 포함해 1차 계통으로 되어 있다. 가압수형(PWR)과 비교할 때 압력 용기 내부에 기수 분리기 및 건조기가 있어 크기가 커지고, 출력 밀도는 작다. 또한, 터빈계에 방사성 물질이 유입되므로 터빈 등에 차폐 대책이 필요하다.

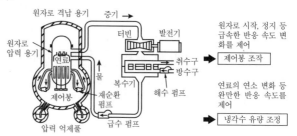

용어 23 ▶ 가압수형 경수로(PWR)

경수를 원자로 내에서 가열하고 증발하지 않도록 가압한다. 증기 발생기에서 2차 계통의 물과 고온의 물을 열교환해 증기를 만들고, 증기 터빈으로 내보내 발전한다.

2차 계통은 증기 발생기에서 누설 등의 사고가 없는 한 방사능 누출이 발생하지 않는다.

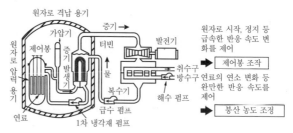

용어 24 › 경수로의 자기 제어성(고유의 안전성)

경수로에서는 경수가 냉각재와 감속재를 겸하고 있으므로, 핵분열 반응이 증대해 출력이 증가하고 수온이 상승하면 기포(보이드)가 생긴다. 이는 물의 밀도가 감소한 상태와 같아서 중성자의 감속 효과가 저하된다.

그 결과 핵분열에 기여하는 열 중성자가 감소하고 핵분열은 자동적으로 억제된다.

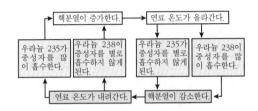

용어 25 › 핵연료 사이클

우라늄 광산에서 캐낸 우라늄 광석은 정련, 전환, 농축 등의 공정을 거쳐 연료 집합체로 조립되고, 원자력 발전소에서 핵연료로 사용된다.

다 쓴 연료는 재처리 공장에서 타다 남은 우라늄과 새롭게 생성된 플루토늄으로 추출되고, 다시 연료로 가공해서 사용할 수 있다. 이 일련의 흐름을 핵연료 사이클이라고 한다.

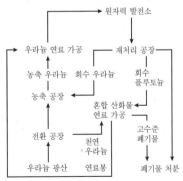

〔그림〕 일반적 핵연료 사이클의 흐름

태양광 발전(PV : Photovoltaic)은 실리콘 등의 반도체 pn 접합부에 태양광이 닿을 때 발생하는 광기전력 효과를 이용해 직류 전압을 얻는다. 에너지 변환 효율은 20[%] 이하로 낮다. 교류 계통과 접속할 경우에는 인버터로 교류로 변환하고, 연계 보호 장치를 통해 계통에 접속한다.

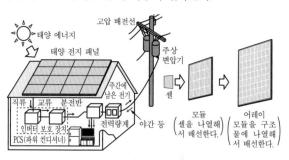

용어 27 > 풍력 발전

수평축형 프로펠러 풍차가 주류이며 풍속을 v[m/sec], 바람에 수직인 단면적을 A[m²]라고 하면, 단위 시간에 통과하는 체적은 vA[m³]가 된다. 따라서, 공기 밀도를 ρ[kg/m³]라고 하면, 풍력 에너지 W는 풍속 v의 세제곱에 비례한다.

$$W = \frac{1}{2}mv^2 = \frac{1}{2}(\rho vA)v^2 = kv^3 \, [\text{J}] \quad (\text{여기서, } k : \text{비례 상수})$$

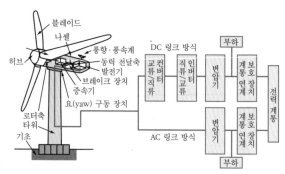

용어 28 ▶ 연료 전지(FC : Fuel Cell)

물 전기 분해의 역반응을 이용해 직류 전압을 발생시킨다. 천연가스인 메탄올을 리포밍(개질)해서 얻은 수소를 공급하는 음극 연료극(애노드)과 대기 중의 산소를 공급하는 양극 공기극(캐소드), 이온만 통과시키는 전해질로 이루어진다. 음극에서 전자를 방출한 수소 이온(H⁺)이 양극을 향해서 전해질을 통과해간다. 전자는 음극에서 외부 회로를 지나 양극에 이르고, 거기서 수소 이온과 산소가 반응해 물이 된다.

전체 반응 $H_2 + \frac{1}{2}O_2 \rightarrow H_2O$

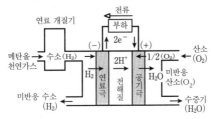

연료 전지는 전해질 종류에 따라 인산형, 용융 탄산염형, 고체 고분자형, 고체 산화물형이 있다.

용어 29 ▶ 바이오매스 발전

동·식물 등의 생물계 자원을 이용한 발전 방식이다.

① 바이오매스의 종류 : 바이오매스에는 폐기물계 바이오매스(가축 분뇨 등)와 에너지 작물계 바이오매스(목재, 사탕수수)가 있다.

② 카본 뉴트럴 : 바이오매스를 연소시키면 이산화탄소가 발생하지만, 원래 이 이산화탄소는 식물이 광합성으로 대기 중의 이산화탄소를 탄소로서 고정한 것이다. 작물에 흡수된 이산화탄소량과 발전 시 이산화탄소량이 같다고 할 수 있다면, 환경에 부담을 주지 않는 에너지원이 된다.

발전 설비, 송전 설비, 변전 설비, 배전 설비, 수요 가설비와 같은 전력 생산
(발전)부터 유통(송전, 변전, 배전) 및 소비까지 하는 설비 전체를 말한다.

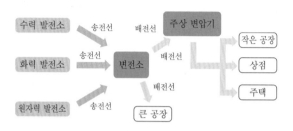

용어 31 > 부하 시 탭전환 변압기(LRT)

LRT(Load Ratio control Transformer)는 권선에 탭을 설치해 부하 상태
인 채로 변압기를 전환해 전압을 조정하는 것이다.

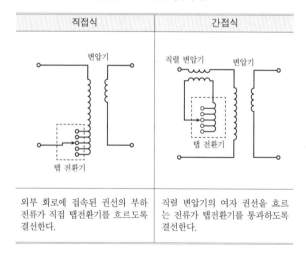

직접식	간접식
외부 회로에 접속된 권선의 부하 전류가 직접 탭전환기를 흐르도록 결선한다.	직렬 변압기의 여자 권선을 흐르는 전류가 탭전환기를 통과하도록 결선한다.

용어 32 차단기(CB : Circuit Breaker)

부하 상태에서의 고압 회로 개폐나 고장 시 단락 전류, 지락 전류를 차단하는 데 이용된다.

자기 차단기 (MBB : Magnetic Blow-out Circuit Breaker)	대기 중에서 개폐 동작을 한다. 차단 전류에 의해 발생한 자계를 이용해 아크를 아크 슈트로 유인하고, 아크 길이를 늘리면서 냉각해 소호한다.	
진공 차단기 (VCB : Vacuum Circuit Breaker)	진공 특유의 높은 절연 내력과 소호 능력을 이용해, 진공 용기(진공 밸브) 안에서 접점을 개폐한다. 접점을 열면 아크가 진공 속으로 빠르게 확산된다.	
가스 차단기 (GCB : Gas Circuit Breaker)	소호 능력이 뛰어난 육불화황(SF_6) 가스를 압축해 아크에 소호한다. 고전압, 대용량 차단기로 널리 이용된다.	

GIS(Gas Insulated Switch gear)
는 차단기(CB), 단로기(DS), 피뢰기
(LA), 변류기(CT) 등의 기기를 절연
특성이 우수한 SF$_6$ 가스가 충진된 금
속 용기에 일괄 수납한 구조로 된 개
폐 장치이다.

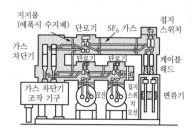

기기의 충전부를 밀폐한 금속 용기
는 접지되므로, 감전 위험성이 거의
없다. 또한, 기중 절연보다 장치가 소형화되므로, 대도시 지하 변전소나 염해,
분진 대책의 개폐 장치로 이용된다.

직격뢰나 유도뢰에 의한 뇌 과전압이나 전로의 개폐 등에서 생기는 개폐
과전압을 방전해서 제한 전압을 유지한다. 서지 통과 후 상용 주파수의 속류
를 단시간에 차단하고, 원래의 상태로 스스로 복구하는 기능이 있다.

피보호 기기의 전압 단자와 대지 사이에 설치한다. 특성 요소로 ZnO 소자
를 이용한 갭레스 피뢰기가 널리 사용된다.

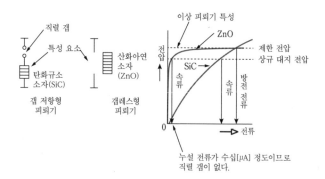

용어 35 ▶ 단로기(DS : Disconnecting Switch)

아크 소호 장치가 없으므로, 무전압 상태의 개폐에 이용한다. 잘못해서 부하 전류를 차단하면 접촉자 간에 아크가 발생하고, 3상 단락으로 발전해 큰 사고로 이어질 위험이 있다.

오조작을 방지하기 위해 직렬로 접속된 차단로를 개방한 후에만 단로기를 열 수 있도록 인터록 기능을 설치한다.

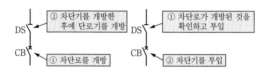

용어 36 ▶ 차단 시간

차단기는 개폐 능력이 가장 뛰어나 단락 사고나 지락 사고가 발생했을 때, 계선기의 동작으로 사고으노 사단한다.

차단기의 차단 시간은 3사이클 차단이나 5사이클 차단 등 차단기의 개극 시간과 아크 시간을 회로의 사이클수로 나타낸 것이다.

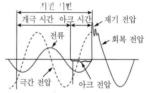

용어 37 ▶ 한류 저항기(CLR)

비접지식 고압 배전선에서 1선 지락 사고가 발생했을 때 배전용 변전소에서는 지락 방향 계전기를 동작시킨다. 이때의 동작 입력은 영상 전압 V_0과 영상 전류 I_0이고, 접지형 계기용 변압기(GPT)의 3차 권선을 오픈 델타로 하고, 그 단자에 제한 저항 R을 붙여 영상 전압 V_0를 검출한다.

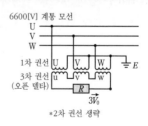

사이리스터 스위치에 의해 무효 전류를 고속으로 조정(늦은 역률일 때는 역률을 앞세우고, 앞선 역률일 때는 역률을 지연시킨다)할 수 있는 조상 설비로 부하와 병렬 접속한다.

그림처럼 리액터 전류의 위상 제어하는 TCR 방식인 것은 무효 전력을 연속으로 변화시킬 수 있고, 전압 플리커 대책으로도 사용된다.

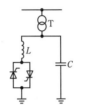
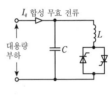

고압 수용이 구내에서 과부하나 단락 사고가 발생했을 때에는 수용가의 과전류 계전기(OCR)가 배전용 변전소의 과전류 계전기보다 빨리 동작하도록 조정할 필요가 있다.

〔그림〕은 유도 원판형 과전류 계전기의 타임레버(시한 레버)가 10일 때 한시 특성을 나타낸다. 여기서, 탭 정정 전류의 배수는 OCR의 전류 탭에 대한 CT 2차쪽 전류의 배율이다.

타임레버는 동작 시간을 변경하기 위해 설치된 것으로, 예를 들어 레버를 4로 하면 동작 시간은 레버가 10인 경우의 0.4배가 된다.

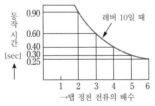

〔그림〕 타임레버 위치 10에서 한시 특성도

용어 40 ▶ 비율 차동 계전기

변압기의 1차 전류와 2차 전류의 크기를 변류기(CT)로 검출하고, 동작 코일과 억제 코일에 흐르는 전류의 비율을 검출한다. 변압기의 내부 사고 시 등과 같이 비율이 일정 수준 이상이 되면 동작한다.

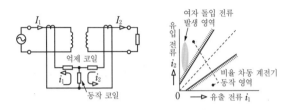

3상 변압기의 경우 변압기의 결선 방법에 따라 1차 전류와 2차 전류 간에 위상차가 생긴다. 변압기의 결선이 Y일 때는 Δ결선에, Δ일 때는 Y결선으로 해서 오동작을 방지해야 한다.

용어 41 ▶ 부흐홀츠 계전기

변압기 내부 고장이 발생한 경우 급격한 유류 변화나 분해 가스 압력에 의해 기계적으로 동작하는 계전기이다.

변압기의 주탱크와 콘서베이터를 잇는 연결관 사이에 부착한다. 2개의 부낭이 있고 A접점은 작은 고장 검출용으로, 절연 열화 등으로 발생하는 가스에 의해 동작한다. B접점은 큰 고장 검출용으로, 권선 단락 등으로 생기는 유류에 의해 동작한다.

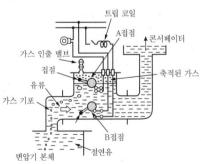

용어 42 재폐로 방식

송전선이 해당 구간의 사고로 보호 계전기가 동작해 차단된 경우 일정한 무전압 시간 후에 자동으로 차단기가 재투입되는 것을 재폐로라고 한다. 송전선 고장의 대부분이 아크 지락이고, 사고 구간을 계통에서 일시적으로 분리해 무전압으로 하면 아크가 자연 소멸하는 경우가 많아, 재폐로에 의해 이상 없이 송전을 계속할 수 있을 확률이 높다.

재폐로에는 아래 표와 같은 종류가 있다.

3상 재폐로	평행 2회선의 편회선쪽에 사고가 발생한 경우, 사고상에 관계 없이 사고 회선을 일괄 차단하여 재폐로 한다.
단상 재폐로	1선 지락 사고 시에 사고상만 선택 차단하고 재폐로 한다.
다상 재폐로	평행 2회선 송전선 사고 시 적어도 2상이 건전한 경우 사고상만 선택 차단하여 재폐로 한다.

재폐로 중 1초 정도 이하에 재투입하는 것을 고속 재폐로, 1~15초 정도에 재투입하는 것을 중속 재폐로, 1분 정도에 재투입하는 것을 저속 재폐로라고 한다.

용어 43 절연 협조

낙뢰 서지에 대해 설비를 구성하는 기기의 절연 강도에 알맞은 제한 전압의 피뢰기를 설치함으로써 합리적인 협조를 도모하고 절연 파괴를 방지하는 것을 절연 협조라고 한다.

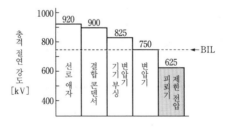

참고 BIL
피뢰기의 제한 전압보다 여유있게 한 기준 충격 절연 강도이다.

용어 44 ▷ 가공 지선(GW : 그라운드 와이어)

철탑 꼭대기에 가선해서 송전선으로 직격하는 낙뢰를 방지하기 위한 차폐선이다. 가공 지선에는 아연도 강연선, 강심 알루미늄 합금 연선, 알루미늄 복강 연선 등이 이용되고, 차폐각이 작을수록 차폐 효율이 높아진다.

광섬유 복합 가공 지선(OPGW)은 가공 지선에 광섬유를 내장해 통신선 기능도 갖춘 것이다.

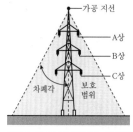

〔그림 1〕 가공 지선과 차폐각

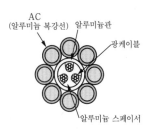

〔그림 2〕 OPGW의 구조

용어 45 ▷ 강심 알루미늄 연선(ACSR)

강연선 주위에 알루미늄선을 꼬아서 만든 것으로, 가공 송전선의 전선으로 일반적으로 사용된다. 강연선에는 장력을 부담시키고, 알루미늄선에는 통전 능력을 갖게 했다. 경동 연선과 비교할 때 지름은 커지지만 경량이고 코로나 대책으로 적합하다.

TACSR(강심 내열 알루미늄 합금 연선)은 ACSR의 알루미늄선을 내열성 알루미늄 합금선으로 한 것이다. ACSR보다 사용 온도를 높일 수 있으므로(90 → 180[℃]), 허용 전류가 크고 대용량 송전선에 이용할 수 있다.

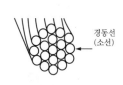

〔그림 1〕 경동 연선(HDCC)

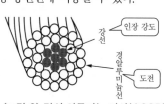

〔그림 2〕 강심 알루미늄 연선(ACSR)

전선 표면의 전위 기울기가 표준 상태(1기압, 기온 20[℃])에서 직류 30 [kV/cm](교류 21.1[kV/cm])에 달하면, 전선 주위 공기의 절연이 깨져 코로나 방전이 일어난다. 코로나 방전의 성질은 다음과 같다.

① 코로나 방전이 일어나면 전기 에너지 일부가 작은 소리나 엷은 빛 등으로 나타나는 코로나 손실이 발생한다.

② 가는 전선이나 소선수가 많은 연선일수록 발생하기 쉽다(바깥 지름이 큰 ACSR이나 다도체에서는 발생하기 어렵다).

③ 맑은 날보다 비·눈·안개인 날에 발생하기 쉽다.

④ 코로나 방전이 일어나면 전파 장해나 통신 장해가 발생한다.

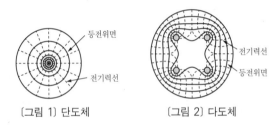

〔그림 1〕 단도체   〔그림 2〕 다도체

도체에 직류 전류를 보내면 전류는 도체 단면을 균등하게 흐른다. 하지만, 교류 전류를 보내면 전류는 도체 표면에 집중해서 흐르게 된다. 이것이 표피 효과이고, 교류에서는 자속 ϕ가 시간상으로 변화하므로, 전류 i를 방해하는 방향으로 유도 전류 i_i가 흘러 i를 감소시킨다. 표피 효과의 영향은 도전율, 투자율, 주파수가 높을수록 현저해진다.

〔그림 1〕 직류 전류를   〔그림 2〕 전류와   〔그림 3〕 교류 전류를
　　　　흘려 보낸다.   　　　　유도 자속   　　　　흘려 보낸다.

용어 48 근접 효과

병행한 도체에 전류가 같은 방향으로 흐를 경우에는 흡인력이, 반대 방향으로 흐를 경우에는 반발력이 작용한다. 이 결과로 도체 내 전류가 몰려서 전류 밀도가 불균일해지고, 도체의 실효 저항이 증가한다.

〔그림 1〕같은 방향 전류   〔그림 2〕다른 방향 전류

용어 49 페란티 효과

장거리 송전 선로와 케이블 계통에서는 정전 용량이 크기 때문에 심야 등 부하가 아주 작을 경우에는 위상이 앞선 충전 전류의 영향이 증가하여 수전 단 전압이 송전단 전압보다 높아진다. 이 현상을 페란티 효과라고 한다.

송전 선로의 저항을 R, 리액턴스를 X_L이라고 하고, 앞선 전류 I가 흐르면 아래 〔그림〕처럼 수전단 전압 E_R은 송전단 전압 E_S보다 높아진다. 페란티 효과는 심야 등에 고압 수용가의 전력용 콘덴서가 선로에서 분리되지 않은 경우 배전 계통에서도 발생한다.

이를 방지하기 위해 분로 리액터를 설치한다.

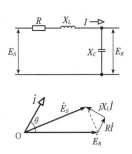

용어 50 ▶ 피빙 도약

전선에 붙어 있던 빙설이 기온이나 바람 등 기상 조건의 변화로 한꺼번에 떨어져 나갈 때 전선이 튀어오르는 현상이다.

피빙 도약이 발생하면 송전선 상간 단락 사고나 지지물 파손 사고를 초래하기도 한다.

방지 대책은 다음과 같다.

① 수직 경간 거리나 전선의 오프셋을 크게 잡고, 전선끼리 닿지 않게 한다.
② 전선에 스페이서를 부착한다.
③ 되도록 빙설이 적은 경로를 선정한다.
④ 경간이 길면 피빙 도약이 발생하기 쉬우므로 경간 길이를 적정하게 한다.

용어 51 ▶ 갤러핑

겨울철에는 송전선에 편평한 빙설이 붙는 경우가 있다. 비대칭으로 붙은 빙설에 수평풍이 닿으면 비행기 날개처럼 양력이 발생해 전선이 잘려 진동한다.

갤러핑이 발생하기 쉬운 풍속은 10~20[m/sec]이고, 갤러핑이 발생하면 송전선의 상간 단락 사고가 일어나는 경우가 있다.

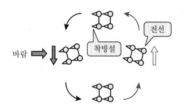

방지 대책은 다음과 같다.

① 경간이 길수록 진동이 커지므로, 경간 길이를 제한한다.
② 지나치게 늘이지지 않도록 진선의 장력을 직정하게 한다.
③ 스페이서를 삽입하거나 선간 거리를 늘려준다.
④ 빙설이 부착되기 어려운 전선을 사용한다.
⑤ 착빙설이 적은 경로를 선정한다.

용어 52 ▶ 서브 스판 진동

다도체를 사용하는 초고압 송전선에서 스페이서 부착 간격을 서브 스판이라고 한다. 풍속이 10[m/sec]를 넘거나 그 이하라도 소선에 빙설이 부착되면, 풍하측에 카르만 소용돌이가 발생하고 전선에 상하 교번력이 가해져 이것이 서브 스판의 고유 진동수와 일치하면 공진 상태가 되어 진동이 발생한다.

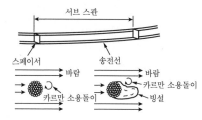

방지 대책은 다음과 같다.
① 서브 스판 간격을 조절해 고유 진동수를 바꾼다.
② 스페이서의 전선 지지부에 완충재를 넣는다.

용어 53 ▶ 현수 애자

현수 애자는 갓 모양의 자기 절연층의 양쪽에 연결용 금구를 접속한 애자로, 전선을 철탑에서 현수해서 지탱한다.
주로 송전선에 이용되며 사용 전압이나 오손 구분에 따라 적당한 개수를 연결할 수 있다. 연결 방식에 따라서 클레비스형과 볼 소켓형이 있다.

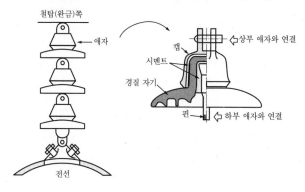

송전선에 설치된 애자를 낙뢰로부터 보호하고자 애자연 양 끝에 뿔모양 금구를 부착해 플래시 오버할 때 아크 열에 의한 열파괴를 방지한다.

낙뢰가 송전선에 침입하면 아킹혼 부분에서 플래시오버가 발생하고 낙뢰 아크 전류가 흐른다. 이때, 보호 계전기는 그 속류를 검출하고 차단기를 동작시켜 절연을 회복한다. 아킹혼의 간격은 애자연 길이의 80[%] 정도로 설정되어 있다.

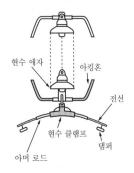

현수 애자
아킹혼
전선
현수 클램프
댐퍼
아머 로드

① 염해의 의미 : 애자 표면에 부착된 염분이 안개나 보슬비에 의한 습윤으로 녹아 전도성을 띠면, 표면 누설 전류가 증가한다. 이에 따라 애자 표면이 건조해 부분 방전을 일으키고, 표면부 절연 파괴와 플래시오버를 일으킨다. 계절풍이 불거나 태풍이 올 때 피해가 크다.

② 애자 염해 대책
　㉠ 애자 연결 개수를 늘리거나 내염 애자를 사용한다.
　㉡ 애자의 활선 세정을 하다.
　㉢ 발수성 물질(실리콘 컴파운드)을 도포한다.
　㉣ GIS에 의한 은폐화와 전력 설비의 옥내화를 계획한다.

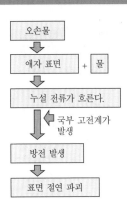

오손물
↓
애자 표면 + 물
↓
누설 전류가 흐른다.
↓ ⬅ 국부 고전계가 발생
방전 발생
↓
표면 절연 파괴

용어 56 ▶ 연가

　3상 3선식 가공 송전선의 전선 배열 순서가 일정하면 인덕턴스와 정전 용량이 불평형하게 된다. 이 때문에 전체 길이를 3등분으로 분할하고 각 구간의 선을 서로 엇갈리게 해 전기적 불평형을 방지한다. 연가를 함으로써 중성점에 나타나는 잔류 전압을 감소시키고, 부근 통신선에 대한 정전 유도 장해나 전자 유도 장해를 경감할 수 있다.

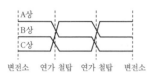

A상
B상
C상

변전소　연가 철탑　연가 철탑　변전소

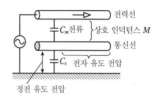

전력선

C_m 전류　　상호 인덕턴스 M

통신선

C_s　전자 유도 전압

정전 유도 전압

용어 57 ▶ 수전 방식

특고압과 고압 수전 방식에는 다음과 같은 종류가 있다.

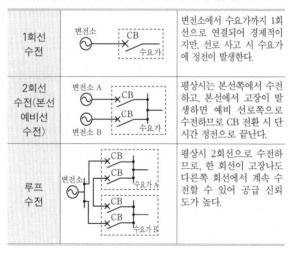

1회선 수전	변전소 CB 수요가	변전소에서 수요가까지 1회선으로 연결되어 경제적이지만, 선로 사고 시 수요가에 정전이 발생한다.
2회선 수전(본선 예비선 수전)	변전소 A CB / 변전소 B CB 수요가	평상시는 본선쪽에서 수전하고, 본선에서 고장이 발생하면 예비 선로쪽으로 수전하므로 CB 전환 시 단시간 정전으로 끝난다.
루프 수전	변전소 CB CB 수요가 A / CB CB 수요가 B	평상시 2회선으로 수전하므로, 한 회선이 고장나도 다른쪽 회선에서 계속 수전할 수 있어 공급 신뢰도가 높다.

용어 58 ▷ 380[V] 배전

① 중성점 직접 접지 방식인 Y결선 3상 4선식으로, 380[V]/220[V] 의 전압이다.

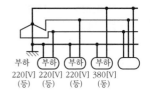

부하 (부하) (부하) (부하)
220[V] 220[V] 220[V] 380[V]
(등) (등) (등) (동)

② 380[V]는 3상 3선식으로 이용하고, 전동기 등의 동력 부하를 접속한다.

③ 220[V]는 전압선과 중성선 사이에서 얻어지고, 형광등이나 수은등 같은 전등 부하에 이용한다.

④ 백열전등이나 콘센트 회로 등의 110[V] 부하에 대해서는 220[V]/110[V] 변압기를 매개해 공급한다.

⑤ 규모가 큰 빌딩 등의 옥내 배선에 이용되며 전등 및 동력 설비에 함께 쓸 수 있어, 전압격상에 의한 공급력 증가나 전압 손실 경감 효과가 있다.

용어 59 ▷ 스폿 네트워크 방식

다른 2회선 이상의 배전선에 접속된 변압기의 2차쪽을 병렬로 접속한 수전 방식이다. 공급 신뢰도가 매우 높아서 1회선 고장 시에도 무정전으로 수전할 수 있다.

네트워크 프로텍터의 특성은 다음과 같다.

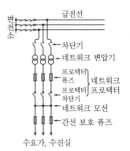

급전선
변전소
차단기
네트워크 변압기
프로텍터 퓨즈
프로텍터 차단기
네트워크 프로텍터
네트워크 모선
간선 보호 퓨즈
수요가, 수전실

① 무전압 투입 특성 : 고압쪽에 전압이 있고, 저압쪽에는 전압이 없을 때 자동 투입한다.

② 과전압(차전압) 투입 특성 : 저압쪽이 전력을 공급할 수 있는 전압 상태에 있을 때 자동 투입한다.

③ 역전력 차단 특성 : 네트워크 변압기에 역전류가 흘렀을 때 자동 차단한다.

용어 60 ▶ 한류 퓨즈

자기제 절연통 내 퓨즈와 아크를 냉각 소호하는 규사를 수납한 것이다. 퓨즈 용단 시 아크 저항으로 단락 전류를 한류 억제하고 반파에서 한류 차단을 한다.

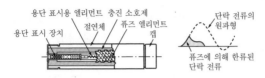

용어 61 ▶ 직렬 리액터(SR)

전력용 콘덴서에 직렬로 접속해 설치한다.

제5고조파에 대해 유도성으로 하기 위해, $5\omega L > \dfrac{1}{5\omega C}$ 을 만족하는 6[%] 리액터가 표준으로 사용된다.

① 고조파 확대를 방지하고, 계통의 전압 왜곡을 개선한다.
② 콘덴서의 투입 전류를 억제함과 동시에 이상 전압 발생을 억제한다.

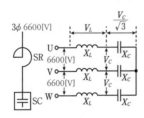

양쪽 다 고압 가공 전선으로 사용되고 있다.

① OE 전선 : 옥외용 폴리에틸렌 절연 전선으로 전기적 특성, 내후성 모두 뛰어난 성능을 가진 폴리에틸렌 절연체로 되어 있다.

② OC 전선 : 옥외용 가교 폴리에틸렌 절연 전선으로 절연체에 가교 폴리에틸렌을 사용하여 OE 전선보다 전류 용량을 15[%] 정도 증가시킬 수 있다.

〔그림 1〕 OE 전선

〔그림 2〕 OC 전선

주상 변압기부에 대해 고압 본선측 절연 레벨을 올리는 방식이다. 이에 따라 절연 전극의 아크 용단이나 본선 부분에서의 고장 발생을 적극적으로 방지하고, 낙뢰에 의한 플래시오버 발생 장소를 주상 변압기 주변에 집중시킨다.

플래시오버에 동반하는 속류는 고압 컷아웃 타임 래그 퓨즈의 용단으로 처리하고, 낙뢰에 의한 고장을 주상 변압기에서의 공급 범위로 제한한다.

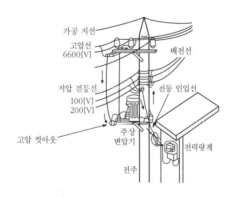

용어 64 ▶ 밸런서

단상 3선식 배전선에서 AN, BN 부하의 불평형이 크면, 중성선에 큰 전류가 흘러 전압의 불평형을 발생시킬 뿐만 아니라 전력 손실이 증가한다. 이 상태를 해소하기 위해 저압 배전선 말단에 밸런서를 설치한다. 밸런서는 권수비 1:1인 단권 변압기이다.

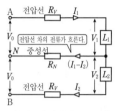

〔그림 1〕 밸런서가 없는 경우

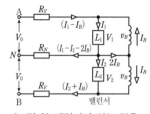

〔그림 2〕 밸런서가 있는 경우

용어 65 ▶ 스마트 미터

수요가에 설치하는 전력량계에 통신 기능이나 개폐 기능을 부여해 전력 회사와 수요가 간의 양방향 통신이 가능하게 한 계량기이다. 스마트 미터를 설치하면 사용 전력량, 역조류 전력량, 시각 정보, 정전 정보 등의 정보 수집, 수요가의 선택 차단, 데이터 교환, 가전제품 제어 등을 할 수 있게 된다.

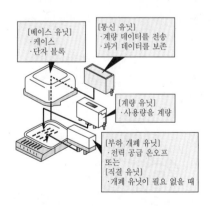

OF 케이블

저점도 절연유를 케이블 절연체의 절연지에 함침시키고, 유압을 대기압 이상으로 유지함으로써 보이드 발생을 방지하는 케이블로 최고 허용 온도는 80[℃]이다.

급유 설비가 필요하고 연결이 어렵지만 절연 두께를 얇게 할 수 있으므로 초고압 케이블 등에 사용된다.

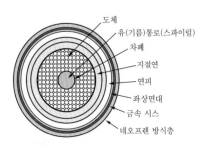

도체
유(기름)통로(스파이럴)
차폐
지절연
연피
좌상면대
금속 시스
네오프렌 방식층

 CVT 케이블

CV 케이블은 도체를 가교 폴리에틸렌으로 피복하고, 그 외주를 비닐 시스로 피복한 가교 폴리에틸렌 절연 비닐 시스 케이블이다.

가교 폴리에틸렌은 폴리에틸렌 분자를 가교함으로써 분자를 망상으로 보강하고 내열성을 높인 것으로, 최고 허용 온도는 90[℃], 단락 시 허용 온도는 230[℃]까지 견딜 수 있다.

또한, 비유전율이 작아서 유전체 손실도 작아진다. CVT 케이블(트리플렉스형 케이블)은 CV 케이블 3가닥을 꼬아서 만든 것이다.

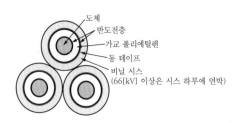

도체
반도전층
가교 폴리에틸렌
동 테이프
비닐 시스
(66[kV] 이상은 시스 하부에 연박)

용어 68 ▶ 수트리(water tree)

CV 케이블에서 물과 과전에 의한 전계의 공존 상태에서 발생하는 열화 현상으로, 수트리가 발생하면 절연 파괴 전압이 저하된다. 과전 상태가 아니라면 케이블 내로 침수해도 수트리가 진행되지 않는다.

수트리에는 계면 수트리(외도 수트리와 내도 수트리)와 보타이형 수트리가 있다.

방지 대책으로 건식 가교나 내·외부 반도전층과 절연층의 3개 층을 동시에 압출하는 E-E 타입이 채용되고 있다.

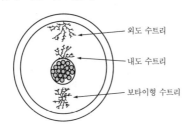

용어 69 ▶ 스트레스콘

케이블 피복을 벗기면 케이블 단말부 전계 분포는 차폐층 절단면에 집중되므로 내전압 특성이 저하된다. 이 때문에 전계의 집중을 완화하는 방법으로서 차폐층 절단점 가까이를 절연 테이프로 원뿔(cone) 모양으로 성형하여 부풀린다. 이것을 스트레스콘이라고 하며, 스트레스콘을 이용하면 절연체의 연면 전계의 집중을 완화할 수 있고 내전압 특성이 향상된다.

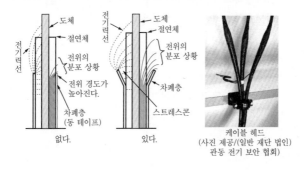

케이블 헤드
(사진 제공/(일반 재단 법인)
관동 전기 보안 협회)

지락 과전류 계전기는 지락 전류의 크기만을 검출하므로 지락 전류가 전원 쪽에서 흘러왔는지, 부하쪽에서 되돌아왔는지 판별할 수 없다. 이 때문에, 고압 수요가의 고압 케이블 길이가 긴 경우에는 외부 사고로 불필요하게 동작해 버리기도 한다. 이를 해소하고자 지락 방향 계전기를 설치해 영상 전압 V_0와 영상 전류 I_0와의 두 요소로 동작하게 하고 영상 전압과 영상 전류의 위상을 검출하여 방향이 다를 경우에는 동작하지 않게 한다.

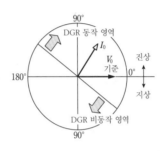

〔그림〕의 히스테리시스 루프에서 B_r은 잔류 자기[T]를, H_c는 보자력[A/m]을 나타낸다.

B_r이 크고 H_c가 작은 강자성체는 전자석에 적합하며, 히스테리시스 루프를 에워싸는 면적이 작고, 히스테리시스 손실은 작다.

반면에, B_r과 H_c가 모두 큰 강자성체는 영구자석 재료에 적합하며, 히스테리시스 루프를 에워싸는 면적이 크고, 히스테리시스 손실도 크다.

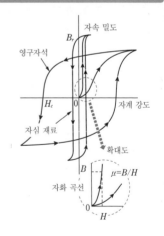

용어 72 > 와전류 손실

교번 자계가 강자성체 속을 통과하면, 자속 주변에 와전류가 흘러 와전류 손실이 발생한다. 와전류 손실이 발생하는 단계는 다음과 같다.

| ① 코일에 흐르는 전류가 증가한다. | → | ② 자속 Φ가 증가한다. |

| ③ 와전류가 흐른다. | → | ④ 도체판의 저항에서 줄열이 발생한다. |

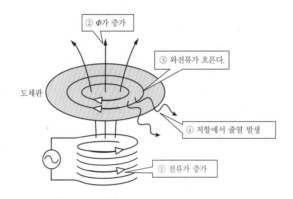

② Φ가 증가

③ 와전류가 흐른다.

도체판

④ 저항에서 줄열 발생

① 전류가 증가

용어 73 > 내열 클래스

① 절연물에는 상시 그 온도로 사용해도 절연 열화 문제가 없는 온도의 상한 값(허용 최고 온도)이 있으므로 등급을 나누어 규정하고 있다.

② 등급은 다음과 같은 것들이 있다.

> Y종(90[℃]), A종(105[℃]), E종(120[℃]),
> B종(130[℃]), F종(155[℃]), H종(180[℃]),
> C종(180[℃] 초과)

memo

03
전기기기

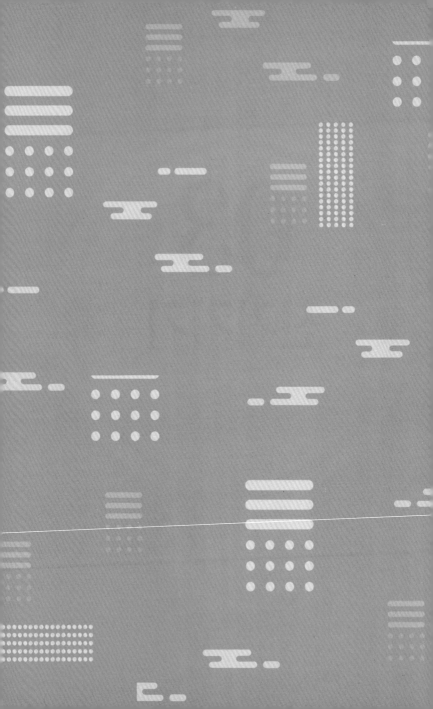

I

필수 공식 해설

$$E = \frac{pZ}{60a}\, \phi N \propto K\phi N[\text{V}]$$

여기서, E : 발전기의 유도 기전력, 전동기의 역기전력[V]

a : 병렬 회로수(중권은 $a=p$, 파권은 $a=2$)

p : 자극수, Z : 전기자의 도체수, ϕ : 1극당 자속[Wb]

N : 회전 속도[rpm]

학습 POINT

① **직류기의 구조** : 전기자, 계자, 정류자, 브러시로 구성된다.

② **도체 하나의 유도 기전력** e : 자속 밀도 $B[\text{Wb/m}^2]$의 자계에 놓인 길이 $l[\text{m}]$의 도체가 자계와 직각으로 $v[\text{m/sec}]$ 속도로 이동하면 기전력이 발생한다.

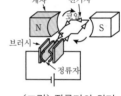

〔그림〕 직류기의 원리

유도 기전력 $e = Blv[\text{V}]$

③ **모든 도체의 유도 기전력** E : 직류 발전기의 유도 기전력은 정류자와 브러시 사이에서 발생하므로 직류이다. 전기자의 지름을 $D[\text{m}]$, 전기자의 모든 도체수를 Z, 자극수를 p(N극, S극 1쌍으로 2), 극 하나하나의 유효 자속수를 $\phi[\text{Wb}]$라고 하면, 자속 밀도는 $B = \dfrac{p\phi}{\pi Dl}$가 된다. 회전 속도를 $N[\text{rpm}]$이라고 하면, 속도 v는 $v = \pi \dfrac{DN}{60}[\text{m/sec}]$가 된다.

병렬 회로수가 a라면, 1직렬 회로의 전기자 도체수는 $\dfrac{Z}{a}$가 되므로, 이 회로에서의 유도 기전력 E는 다음과 같이 구할 수 있다.

$$E = \frac{Z}{a}e = \frac{Z}{a}Blv = \frac{pZ}{60a}\phi N = K\phi N[\text{V}]$$

④ **전동기의 토크와 출력** : 각속도를 $\omega[\text{rad/sec}]$, 토크를 $T[\text{N·m}]$, 회전 속도를 $N[\text{rpm}]$, 전기자 전류를 $I_a[\text{A}]$라고 하면 출력은 다음과 같이 나타낼 수 있다.

$$\text{출력}\ P = \omega T = 2\pi \frac{N}{60}T = EI_a[\text{W}]$$

$E \propto \phi N$이므로, $P \propto \phi I_a N$, $T \propto \phi I_a N$이 된다.

(1) 직류 발전기

타여자식	분권식	직권식
$V = E - r_a I_a$	$V = E - r_a I_a$	$V = E - (r_a + r_f) I_a$
$I_f = \dfrac{V_f}{r_f}$	$I_f = \dfrac{V}{r_f}$	$I_f = I_a$
$I_a = I$	$I_a = I + I_f$	$I_a = I$

여기서, V : 단자 전압[V], E : 유도 기전력[V]
r_a : 전기자 저항[Ω], I_a : 전기자 전류[A]
r_f : 계자 저항[Ω], I_f : 계자 전류[A]
V_f : 계자 권선 전압[V], I : 부하 전류[A]

(2) 직류 전동기

타여자식	분권식	직권식
$E_c = V - r_a I_a$	$E_c = V - r_a I_a$	$E_c = V - (r_a + r_f) I_a$
$I_f = \dfrac{V_f}{r_f}$	$I_f = \dfrac{V}{r_f}$	$I_f = I_a$
$I_a = I$	$I_a = I - I_f$	$I_a = I$

여기서, E_c : 역기전력[V], V : 단자 전압[V], r_a : 전기자 저항[Ω]
I_a : 전기자 전류[A], r_f : 계자 저항[Ω], I_f : 계자 전류[A]
V_f : 계자 권선 전압[V], I : 부하 전류[A]

전기기기

학습 POINT

① 발전기 단자 전압은 (유도 기전력－전압 강하)이다.
② 전동기의 역기전력은 (단자 전압－전압 강하)이다.

(1) 동기 속도 $N_s = \dfrac{120f}{P}$[rpm]

(2) 주변 속도 $v = \pi D n_s = \pi D \dfrac{N_s}{60} = \pi D \dfrac{2f}{P}$[m/sec]

(3) 유도 기전력 $E = 4.44 \cdot k_w \cdot f \cdot N \cdot \phi$[V]

여기서, P : 자극수, f : 주파수[Hz]

D : 회전자의 지름[m], n_s : 매초 회전 속도[m/sec]

k_w : 권선 계수, N : 1상당 권회수

ϕ : 매극 자속의 최대값[Wb]

학습 POINT

① 동기 발전기는 직류 전류가 흐르는 자계 권선을 원동기를 이용해 동기 속도 N_s로 회전시켜, 고정자쪽의 전기자 권선에 유도 기전력을 발생시킨다.

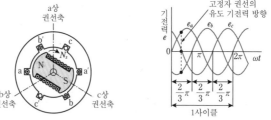

〔그림〕동기 발전기의 구조와 기전력

② 권선 계수는 분포권 계수와 단절권 계수의 곱으로 나타낸다.

③ 동기 임피던스

$$Z_s = R_a + jX_s \fallingdotseq jX_s[\Omega]$$

여기서, R_a : 전기자 권선 저항

X_s : 동기 리액턴스(전기자 반작용 리액턴스+누설 리액턴스)

④ **전압 변동률** : 정격 전압 V_n, 정격 부하 운전에서 무부하가 된 경우 전압 V_0의 상승 정도를 전압 변동률이라고 한다.

$$\varepsilon = \frac{V_0 - V_n}{V_n} \times 100[\%]$$

(1) 단락비 $K_s = \dfrac{I_s}{I_n}$

(2) 자기 여자를 일으키지 않고 송전선을 충전하는 조건

$$K_s \geq \frac{Q}{P_n}\left(\frac{V_n}{V_C}\right)^2 (1+\sigma)$$

여기서, I_n : 정격 전류[A], I_s : 3상 단락 전류[A]

P_n : 발전기의 정격 용량[VA], Q : 송전선의 충전 용량[VA]

V_C : 충전 전압[V], V_n : 발전기 정격 전압[V], σ : 포화율

전기기기

학습 POINT

① 무부하 포화 곡선과 3상 단락 곡선[그림]

　⊙ 무부하 포화 곡선 : 발전기를 무부하로 정격 회전 속도로 운전했을 때 계자 전류와 단자 전압의 관계를 나타낸다.

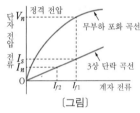

　ⓒ 3상 단락 곡선 : 발전기를 3상 단락하고, 정격 회전 속도로 운전했을 때 계자 전류와 단락 전류의 관계를 나타낸다.

② 단락비 : 단락비는 일반적으로 K_s로 나타낸다.

$$K_s = \frac{\text{무부하로 정격 전압을 발생시키는 데 필요한 계자 전류}}{\text{3상 단락 시 정격 전류를 흐르게 하는 데 필요한 계자 전류}}$$

$$= \frac{I_{f1}}{I_{f2}} = \frac{\text{3상 단락 전류 } I_s}{\text{정격 전류 } I_n}$$

③ 단락비와 백분율 동기 임피던스의 관계 : 정격 전압을 V_n[V], 동기 임피던스를 $Z_s[\Omega]$, 정격 전류를 I_n[A], 백분율 동기 임피던스를 $\%Z_s$[%]라고 하면 다음과 같이 나타낼 수 있다.

$$\%Z_s = \frac{Z_s I_n}{\dfrac{V_n}{\sqrt{3}}} \times 100 = \frac{I_n}{\dfrac{V_n}{\sqrt{3}Z_s}} \times 100 = \frac{I_n}{I_s} \times 100 \,[\%]$$

$$\therefore K_s = \frac{I_s}{I_n} = \frac{100}{\%Z_s} \quad (\text{단, } \%Z_s\text{는 단락비의 역수에 비례})$$

무효 순환 전류 $I = \dfrac{E_1 - E_2}{2X_S}$ [A]

여기서, X_1, X_2 : 각 발전기의 동기 리액턴스[Ω]

E_1, E_2 : 각 발전기의 기전력[V]

학습 POINT

① 병렬 운전 조건 : 2대 이상의 발전기를 병렬해 운전하는 것을 병렬 운전이라고 한다. [표 1]은 병렬 운전할 수 있는 조건이다.

〔표 1〕 병렬 운전 조건

병렬 운전 조건	• 유기 기전력의 크기와 파형이 같다. • 유기 기전력의 위상이 같다. • 주파수가 같다. • 상회전 방향이 같다.

② 순환 전류 : 2대의 동기 발전기가 병렬 운전 조건을 만족하지 않는 경우에는 [표 2]와 같은 순환 전류가 흐른다.

〔표 2〕 순환 전류

기전력에 차가 있을 때	
	• 무효 순환 전류(무효 횡류)가 흐른다. 전압이 높은 G_1에서 90° 뒤진 전류가 나와 감자 작용으로 유도 기전력이 저하된다. 전압이 낮은 G_2에는 90° 뒤진 전류가 들어와 증자 작용으로 유도 기전력이 상승해 기전력이 같아진다.
기전력에 위상 차가 있을 때	
	• 유효 횡류(동기화 전류)가 흐른다. 위상이 앞선 G_1은 전기 에너지를 뺏겨 감속하고, 위상이 뒤진 G_2는 전기 에너지를 공급받아 가속해 위상차가 없어진다.

3상 출력 $P = \dfrac{VE}{x_s} \sin\delta \, [\text{W}]$

여기서, x_s : 동기 리액턴스[Ω], V : 단자 전압[V]

　　　E : (발전기) 유도 기전력, (전동기) 역기전력[V]

　　　δ : V와 E의 상차각[$^\circ$](내부 상차각)

학습 POINT

① 동기 발전기의 출력 : 큰 부하 변화나 사고가 발생하면, 상차각 δ 가 커지고, 어떤 한도를 넘어서면 동기가 어긋나 탈조를 일으킨다. 동기 발전기가 동기를 유지하고 안정적으로 운전할 수 있을 정도를 안정도 라고 한다.

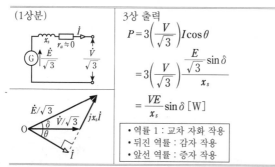

(1상분)	3상 출력
	$P = 3\left(\dfrac{V}{\sqrt{3}}\right) I \cos\theta$
	$= 3\left(\dfrac{V}{\sqrt{3}}\right)\dfrac{\dfrac{E}{\sqrt{3}}\sin\delta}{x_s}$
	$= \dfrac{VE}{x_s}\sin\delta \,[\text{W}]$
	• 역률 1 : 교차 자화 작용 • 뒤진 역률 : 감자 작용 • 앞선 역률 : 증자 작용

② 동기 전동기의 출력

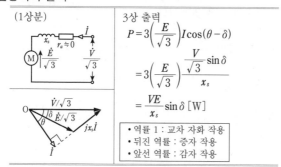

(1상분)	3상 출력
	$P = 3\left(\dfrac{E}{\sqrt{3}}\right) I \cos(\theta - \delta)$
	$= 3\left(\dfrac{E}{\sqrt{3}}\right)\dfrac{\dfrac{V}{\sqrt{3}}\sin\delta}{x_s}$
	$= \dfrac{VE}{x_s}\sin\delta \,[\text{W}]$
	• 역률 1 : 교차 자화 작용 • 뒤진 역률 : 증자 작용 • 앞선 역률 : 감자 작용

전기기기

(1) **동기 속도** $N_s = \dfrac{120f}{p}$ [rpm] ← 회전 자계

(2) **회전 속도** $N = \dfrac{120f}{p}(1-s)$ [rpm] ← 회전자

(3) **슬립** $s = \dfrac{N_s - N}{N_s}$ ← 회전 자계와 회전자의 상대 회전 속도차
ㅤㅤㅤㅤㅤㅤ ← 회전 자계의 회전 속도

ㅤ여기서, p : 자극수[극]
ㅤㅤㅤㅤf : 전원의 주파수[Hz]

학습 POINT

① 유도 전동기의 고정자인 일차 권선에 3상 교류를 흘리면 회전 자계가 발생한다. 이 회전 자계의 회전 속도는 동기 속도 N_s이다.

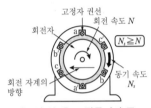

〔그림 1〕 유도 전동기의 구조

② 회전자의 회전 속도 N은 $N \leq N_s$이고, 슬립 s를 이용하면 둘의 관계는 $N = N_s(1-s)$[rpm]이 된다.

③ 슬립 s는 정지 시에는 1, 무부하 시에는 0, 운전 시는 0.03~0.05 정도의 크기이다.

④ 1차 권선에 대한 공급 전압의 주파수를 f_1이라고 하면 2차 권선의 주파수 f_2는 다음과 같은 관계이다.

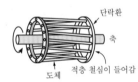

〔그림 2〕 농형 회전자 도체

ㅤㅤ$f_2 = sf_1$[Hz]

이 관계를 이용하면 회전자의 회전 속도 N은 다음과 같이 표현할 수도 있다.

ㅤㅤ$N = \dfrac{120}{p}(f_1 - f_2)$[rpm]

⑤ 회전자가 정지했을 때 2차 권선의 유도 기전력을 E_2라고 하면, 회전 시 2차 권선의 유도 기전력은 sE_2[V]이다.

(1) 2차 입력(동기 와트)

$$P_2 = \frac{r_2}{s} I_2{}^2 [\text{W}]$$

(2) 2차 동손

$$P_{2C} = r_2 I_2{}^2 [\text{W}]$$

(3) 기계적 출력

$$P_0 = \frac{1-s}{s} r_2 I_2{}^2 [\text{W}]$$

(4) 전력과 손실의 비

$$P_2 : P_{2C} : P_0 = 1 : s : (1-s)$$

(5) 유도 전동기의 토크

$$T = \frac{P_0}{\omega} = \frac{P_2(1-s)}{\omega_s(1-s)} = \frac{P_2}{\omega_s} [\text{N·m}]$$

여기서, s : 슬립, r_2 : 2차 저항[Ω]

I_2 : 2차 전류[A], ω : 각속도[rad/sec]

ω_S : 동기 각속도[rad/sec]

전기기기

학습 POINT

등가 회로의 변환 단계는 다음과 같다.

2차 전류식을 수정하면, 회로도 여기에 대응해 수정할 수 있다.

① 단계 1: $I_2 = \dfrac{sE_2}{\sqrt{r_2{}^2 + (sx_2)^2}} [\text{A}]$

② 단계 2: $I_2 = \dfrac{E_2}{\sqrt{\left(\dfrac{r_2}{s}\right)^2 + x_2{}^2}} [\text{A}]$

③ 단계 3: $\dfrac{r_2}{s} = r_2 + \dfrac{(1-s)r_2}{s} [\text{A}]$

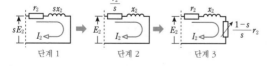

단계 1 　　　 단계 2 　　　 단계 3

테마 09 유도 전동기 토크의 비례 추이

$$\underbrace{\frac{r_2}{s_1}}_{\text{변화 전}} = \underbrace{\frac{r_2+R}{s_2}}_{\text{변화 후}}$$

여기서, s_1 : 변화 전 슬립, r_2 : 2차 회로의 저항[Ω]
s_2 : 변화 후 슬립, R : 외부 저항[Ω]

학습 POINT

① 토크의 비례 추이 : 3상 권선형 유도 전동기에서 2차 회로의 저항을 m배로 하면, 슬립이 m배인 곳에서 최대 토크가 발생한다.

〔그림 1〕 비례 추이

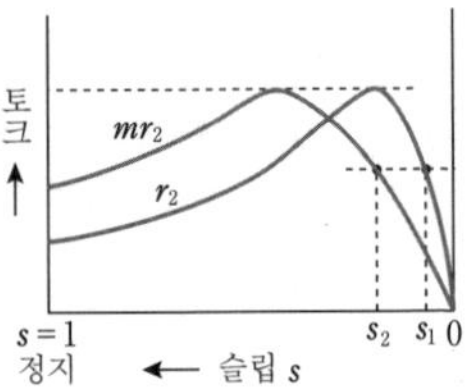

② 필요한 외부 저항값은

$$mr_2 = r_2 + R$$

이므로, 다음과 같이 된다.

$$R = (m-1)r_2\,[\Omega]$$

③ 기동 시 최대 토크가 되는 외부 저항값 : $m = \frac{1}{s}$ 배가 되므로, 외부 저항(기동 저항) R을 다음과 같이 하면 된다.

$$R = \left(\frac{1}{s} - 1\right)r_2\,[\Omega]$$

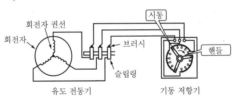

〔그림 2〕 권선형 유도 전동기와 기동 저항의 접속

권선형 유도 전동기에서는 비례 추이를 이용함으로써 기동 특성을 개선하고, 기동 전류를 줄여 기동 토크를 크게 할 수 있다.

(1) 권수비 $a = \dfrac{E_1}{E_2}$ (2) 변류비 $\dfrac{1}{a} = \dfrac{I_1}{I_2}$

여기서, E_1 : 1차 유도 기전력[V]

        E_2 : 2차 유도 기전력[V]

        I_1 : 1차 전류[A], I_2 : 2차 전류[A]

학습 POINT

① [그림 1]의 변압기 1차 권선과 2차 권선의 권수를 각각 n_1, n_2라고 하면, 유도 기전력 E는 주파수 f, 권수 n, 자속의 최대값 ϕ_m에 비례한다.

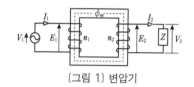

〔그림 1〕 변압기

$$\frac{E_1}{E_2} = \frac{4.44 f n_1 \phi_m}{4.44 f n_2 \phi_m} = \frac{n_1}{n_2} = a$$

여기서, a : 권수비

② 2차 권선에 부하 Z를 접속하면, 2차 권선에 $n_2 I_2$의 기자력이 생기고, 1차 권선에는 이 기자력과 반대 방향의 기자력 $n_1 I_1$이 발생한다.

$$\underbrace{n_1 I_1 = n_2 I_2}_{\text{암페어턴은 같다.}} \qquad \therefore \text{변류비 } \frac{I_1}{I_2} = \frac{n_2}{n_1} = \frac{1}{a}$$

③ 권수비 a의 변압기의 등가 회로 : 2차에서 1차쪽으로의 환산은 각각 아래 표처럼 된다.

구분	환산 전	환산 후
2차 권선 저항	r_2	$a^2 r_2$
2차 권선 리액턴스	x_2	$a^2 x_2$
부하 임피던스	Z_2	$a^2 Z_2$
2차 전압	V_2	$a V_2$
2차 전류	I_2	$\dfrac{I_2}{a}$

〔그림 2〕 1차측 환산 등가 회로

(1) 정의식 $\varepsilon = \dfrac{V_0 - V_n}{V_n} \times 100[\%]$

(2) 근사식 $\varepsilon = p\cos\theta + q\sin\theta[\%]$ $\left(\sin\theta = \sqrt{1 - \cos^2\theta}\right)$

여기서, V_n : 정격 2차 전압[V], V_0 : 무부하 2차 전압[V]

p : 백분율 저항 강하[%], q : 백분율 리액턴스 강하[%]

$\cos\theta$: 부하 역률(지연)

⚡학습 POINT

① 백분율 저항 강하와 백분율 리액턴스 강하 : 변압기의 권선 저항을 $R[\Omega]$, 리액턴스를 $X[\Omega]$, 정격 2차 전류를 $I_n[A]$이라고 하면 다음과 같이 나타낼 수 있다.

백분율 저항 강하 $p = \dfrac{RI_n}{V_n} \times 100[\%]$

백분율 리액턴스 강하 $q = \dfrac{XI_n}{V_n} \times 100[\%]$

② 전압 변동률 : 변압기의 전압 변동률 ε는 정격 주파수에서 지정한 역률, 정격 용량을 바탕으로 2차 권선의 단자 전압을 정격 전압 V_n으로 조정해 두고, 그 상태에서 무부하로 했을 때 2차 단자 전압 V_0의 전압 변동 비율을 말한다.

$$\varepsilon = p\cos\theta + q\sin\theta + \frac{(q\cos\theta - p\sin\theta)^2}{200}$$

$$\fallingdotseq p\cos\theta + q\sin\theta[\%]$$

③ 변압기 시험

   ㉠ 저항 측정 : 권선의 저항값을 측정한다.

   ㉡ 극성 시험 : 가극성인지 감극성인지 조사한다.

   ㉢ 변압비(권선비) 시험 : 저압쪽을 기준으로 나타낸 두 권선의 무부하 단자 전압의 비를 측정한다.

   ㉣ 무부하 시험 : 무부하 전류와 무부하손을 측정한다.

   ㉤ 단락 시험(임피던스 시험) : 임피던스 전압과 임피던스 와트를 측정한다.

   ㉥ 온도 상승 시험 : 온도 상승이 측정 한도 내인지 조사한다.

   ㉦ 내전압 시험 : 규정 전압을 인가해 내전압 성능을 조사한다.

규약 효율 $\eta = \dfrac{\text{출력}}{\text{출력}+\text{손실}} \times 100$

$$= \dfrac{\dfrac{1}{m} \cdot P \cdot \cos\theta}{\dfrac{1}{m} \cdot P \cdot \cos\theta + P_i + \left(\dfrac{1}{m}\right)^2 \cdot P_c} \times 100 [\%]$$

여기서, $\dfrac{1}{m}$: 부하율, P : 변압기 정격 용량[VA], $\cos\theta$: 부하 역률

P_i : 철손[W], P_c : 전부하 시 동손[W]

전기기기

🔱 **학습 POINT**

① 변압기 효율은 규약 효율로 나타낸다.

② 변압기 효율이 최대가 되는 조건

$$\eta = \dfrac{\alpha P_n \cos\theta}{\dfrac{1}{m} \cdot P \cdot \cos\theta + P_i + \left(\dfrac{1}{m}\right)^2 \cdot P_c} \times 100 [\%]$$

$$= \dfrac{P\cos\theta}{P\cos\theta + \dfrac{P_i}{\dfrac{1}{m}} + \dfrac{1}{m}P_c} \times 100 [\%]$$

위의 수식에서 $\dfrac{P_i}{\dfrac{1}{m}} = \dfrac{1}{m}P_c$일 때 $P_c = \left(\dfrac{1}{m}\right)^2 \cdot P_c$(철손=동손 또는 무부하손

=부하손)일 때 효율이 최대가 된다.

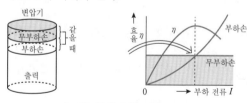

〔그림〕 최대 효율 조건

③ **철손(무부하손)** : 철심의 자화 특성이 히스테리시스 루프를 그리게 되고 그 면적에 해당하는 히스테리시스손과 와전류에 의한 와전류손의 합이다.

(1) 전압의 관계

$$\frac{E_1}{E_2} = \frac{n_1}{n_1 + n_2} = a$$

(2) 전류의 관계

$$\frac{I_1}{I_2} = \frac{n_1 + n_2}{n_1} = \frac{1}{a}$$

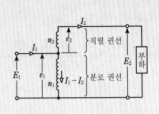

(3) 선로 용량(통과 용량)

$$P_n = E_1 I_1 = E_2 I_2 [\text{VA}]$$

(4) 자기 용량

$$P_s = E_1(I_1 - I_2) = (E_2 - E_1)I_2 [\text{VA}]$$

여기서, n_1 : 분로 권선의 권수

n_2 : 직렬 권선의 권수

a : 권수비

학습 POINT

① 단권 변압기의 구성 : 직렬 권선과 1차 및 2차 측 공통 분로 권선으로 이루어지고, 승압기나 강압기로 사용된다.

② 1차 전류와 2차 전류에 의한 각각의 기자력은 같다.

$$n_1 I_1 = (n_1 + n_2)I_2$$

③ 단권 변압기의 특징

㉠ 장점
- 권선 공통 부분이 있어서, 재료를 절약할 수 있어 소형화·경량화가 가능하며 가격이 저렴하다.
- 누설 임피던스·전압 변동률·손실이 작고 효율이 높다.

㉡ 단점
- 임피던스가 작기 때문에 단락 전류가 크다.
- 1차측과 2차측을 절연할 수 없으므로, 이상 전압이 발생했을 때 저입측에 영향을 미친다.

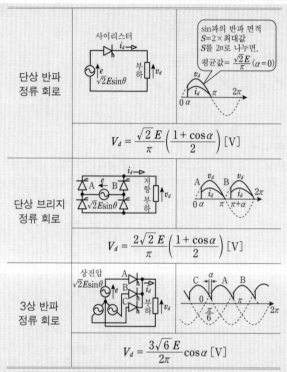

단상 반파 정류 회로		

$$V_d = \frac{\sqrt{2}\,E}{\pi}\left(\frac{1+\cos\alpha}{2}\right)\,[\text{V}]$$

단상 브리지 정류 회로

$$V_d = \frac{2\sqrt{2}\,E}{\pi}\left(\frac{1+\cos\alpha}{2}\right)\,[\text{V}]$$

3상 반파 정류 회로

$$V_d = \frac{3\sqrt{6}\,E}{2\pi}\cos\alpha\,[\text{V}]$$

여기서, E : 상전압[V], α : 제어각[°]

학습 POINT

반파 정류의 전압은 최대값 1의 반파 면적은 2로, 제어각 α인 경우의 면적은 $(1+\cos\alpha)$이다. 평균 직류 전압 V_d는 아래 식으로 구할 수 있다.

$$V_d = \sqrt{2}\,E\left(\frac{면적}{2\pi}\right)$$

〔표〕 반파 정류파형의 직류 평균 전압

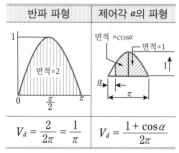

반파 파형	제어각 α의 파형
$V_d = \dfrac{2}{2\pi} = \dfrac{1}{\pi}$	$V_d = \dfrac{1+\cos\alpha}{2\pi}$

117

(1) 강압 초퍼 $E_o = \dfrac{T_{on}}{T_{on} + T_{off}} E_d [\text{V}]$

(2) 승압 초퍼 $E_o = \dfrac{T_{on} + T_{off}}{T_{off}} E_d [\text{V}]$

여기서, T_{on} : 초퍼 on 시간[sec], T_{off} : 초퍼 off 시간[sec]

T_d : 직류 전원 전압[V]

학습 POINT

① **강압 초퍼** : 〔그림 1〕 (a)의 부하 저항 R에는 스위치 S가 닫혀 있는 시간 T_{on}(온 시간)만 E_d가 더해지고, S가 열려 있는 시간 T_{off}(오프 시간)의 전압은 0이다. 따라서, 출력 전압은 전원 전압보다 작아진다.

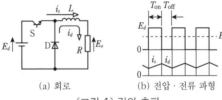

(a) 회로 (b) 전압 · 전류 파형

〔그림 1〕 강압 초퍼

② **승압 초퍼** : 〔그림 2〕 (a)의 스위치 S가 닫혀 있는 시간 T_{on}(i_s가 흐른다)에 리액터 L이 전자 에너지를 축적하고, S가 열려 있는 시간 T_{off}(i_d가 흐른다)에 축적 에너지와 전원으로부터의 에너지를 부하에 공급한다. 출력 전압은 전원 전압보다 커진다.

$$\underbrace{E_d I T_{on}}_{\text{축적 에너지}} = \underbrace{(E_o - E_d) I T_{off}}_{\text{방출 에너지}}$$

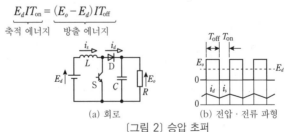

(a) 회로 (b) 전압 · 전류 파형

〔그림 2〕 승압 초퍼

③ 초퍼의 스위칭 주기 $T = T_{on} + T_{off}$이다.

(1) 플라이휠 효과 $GD^2 = 4J[\text{kg} \cdot \text{m}^2]$

(2) 회전체의 운동 에너지 $E = \dfrac{1}{2}J\omega^2[\text{J}]$

여기서, G : 회전체의 질량[kg]

D : 회전체의 지름[m]

J : 물체의 관성 모멘트[kg · m²]

ω : 각속도[rad/sec]

학습 POINT

① 회전체 에너지 : 회전체가 가진 운동 에너지 W는 회전체의 질량을 m[kg], 속도를 v[m/sec]라고 하면 다음과 같이 구할 수 있다.

$$W = \frac{1}{2}mv^2 = \frac{1}{2}m(r\omega)^2$$

$\boxed{v = r\omega}$ (r : 회전체의 지름[m])

$$= \frac{1}{2}(mr^2)\omega^2 = \frac{1}{2}J\omega^2[\text{J}]$$

$\boxed{m = G \ \text{및} \ r = \dfrac{D}{2}}$

관성 모멘트 $J = mr^2 = G\left(\dfrac{D}{2}\right)^2 = \dfrac{GD^2}{4}[\text{kg·m}^2]$

② 플라이휠 효과 환산하기 : 플라이휠 효과 $G_1D_1{}^2$인 전동기와 플라이휠 효과 $G_2D_2{}^2$인 부하 기기가 톱니바퀴 $\left(\text{톱니비 } \dfrac{n_1}{n_2}\right)$로 연결된 경우 전동기쪽으로 환산한 플라이휠 효과는 다음 식으로 나타낼 수 있다.

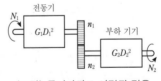

〔그림〕 톱니바퀴로 연결된 경우

$$GD^2 = G_1D_1{}^2 + \left(\frac{n_1}{n_2}\right)^2 G_2D_2{}^2[\text{kg·m}^2]$$

119

(1) 권상기 $P = K \dfrac{mgv}{\eta}$[W] = $\dfrac{K \cdot M \cdot V}{6.12\eta}$[kW]

(2) 펌프 $P = K \dfrac{9.8QH}{\eta}$[kW]

(3) 송풍기 $P = K \dfrac{QH}{\eta}$[W]

여기서, K : 전동기의 여유 계수, m : 권상 하중[kg]

g : 중력 가속도(9.8)[m/sec²], v : 권상 속도[m/sec]

η : 효율[pu], (펌프), Q : 양수 유량[m³/sec], H : 전양정[m]

(송풍기), Q : 풍량[m³/sec], H : 풍압[Pa(파스칼)]

학습 POINT

① 상하로 직선 운동하는 기기의 소요 전력 : 물체의 질량을 m[kg], 중력 가속도를 $g(=9.8)$[m/sec²]라고 하면, 물체에 작용하는 중력 F는 $F = mg$[N]이 된다.

이 물체를 속도 v[m/sec]로 이동시킬 때 이론 동력은 $Fv = mgv$[W]이다. 기기의 여유 계수 K, 효율 η를 고려한 실제 소요 동력 P는 다음과 같다.

$$P = K \dfrac{mgv}{\eta} \text{[W]}$$

② 엘리베이터의 하중 : 권상 하중 m 은 [그림]처럼 m=승강 상자와 적재 하중−균형추 무게= $W_c + W - W_b$ [kg]로 계산한다.

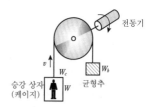

전동기

승강 상자
(케이지)

균형추

[그림] 엘리베이터의 하중

③ 송풍기에서 QH의 단위 : 송풍기 Q[m³/sec], 풍압 H[Pa]인 경우의 이론 동력 P는 다음과 같다.

$$P = QH \text{[W]}$$

QH의 단위를 따라가면, 다음과 같이 [W]가 된다.

Q[m³/sec] H[Pa] = [m³/sec] [N/m²]

$\qquad\qquad\qquad = $ [N·m/sec] = [J/sec] = [W]

II

필수 용어 해설

직류기의 전기자 권선법에는 중권과 파권이 있다. 중권은 코일의 양 코일변을 서로 이웃하는 정류자편에 접속하는 것으로, 이전 코일과 중첩되어 구성되며, 병렬 회로수가 많고 저전압 대전류에 적용된다. 파권은 약 2자극 피치 떨어진 2개의 정류자편에 접속하는 것으로, 코일이 겹치지 않으며 병렬 회로수가 2로 작아서 고전압 소전류에 적용된다.

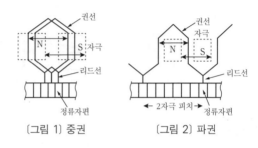

〔그림 1〕 중권　　　　　〔그림 2〕 파권

보극, 보상 권선 모두 전기자 권선에 직렬로 접속하며, 전기자 반작용 대책으로 설치된다.

① **보극** : 기하학적 중성축상의 전기자 반작용 자속을 상쇄함과 동시에 정류 중인 리액턴스 전압을 상쇄한다. 단, 전기자 반작용을 근본적으로 상쇄할 수는 없다.

② **보상 권선** : 주자극의 자극편에 슬롯을 설치하고, 이 슬롯에 권선을 감아 전기자 전류와 반대 방향의 전류를 흐르게 해서 전기자의 반작용 기자력을 상쇄한다.

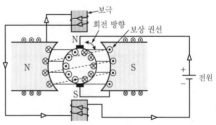

용어 03 > 직류 분권 전동기의 시동 저항

분권 전동기의 단자 전압을 V[V], 기전력을 E[V], 전자기 저항을 R_a[Ω], 계자 저항을 R_f[Ω], 부하 전류를 I[A], 계자 전류를 I_f[A]라고 하면 전기자 전류 I_a는 다음과 같다.

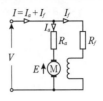

$$I_a = \frac{V - E}{R_a} [\text{A}]$$

전기자 저항 R_a는 값이 매우 작아서, 기동 시작 시에는 회전자의 회전 속도가 $N=0$이므로 $E=0$[V]이다. 이에 위 식에서 I_a[A]는 과대값이 되고, 전기자 권선의 연소를 초래한다. 이를 방지하기 위해 전기자 저항과 직렬로 기동 저항을 접속해서 I_a를 억제한다.

용어 04 > 동기 발전기의 단락비

무부하 포화 곡선의 정격 전압 V_n을 발생시키는 계자 전류를 I_{fs}, 3상 단락 전류를 I_s, 3상 단락 곡선의 정격 전류 I_n을 흐르게 하는 계자 전류를 I_{fn}이라고 하면, 단락비 K_s는 다음과 같이 나타낼 수 있다.

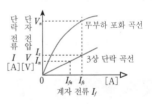

$$K_s = \frac{\text{무부하에서 정격 전압을 발생하는 데 필요한 계자 전류}}{\text{3상 단락 시 정격 전압을 흐르게 하는 데 필요한 계자 전류}}$$

$$= \frac{I_{fs}}{I_{fn}} = \frac{\text{3상 단락 전류 } I_s}{\text{정격 전류 } I_n} [\text{pu}]$$

단위법으로 나타낸 동기 임피던스를 Z_s[pu]라고 하면 다음과 같이 된다.

$$Z_s[\text{pu}] = \frac{1}{K_s}$$

수차 발전기의 단락비는 0.9~1.2로 커서 철기계라고 불리고, 터빈 발전기의 단락비는 0.6~0.9로 작아서 동기계라고 불린다.

전기자 반작용은 역률에 따라 작용이 달라진다.

역률 1인 경우 자극의 회전 방향에서는 계자 자속을 약화시키고, 반대쪽에서는 강화시키는 교차 자화 작용이 발생한다.	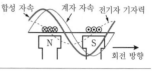
늦은 역률인 경우 전기자 기자력이 계자 자속을 약화시키는 감자 작용이 발생한다.	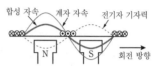
앞선 역률인 경우 전기자 기자력이 계자 자속을 강화시키는 증자 작용이 발생한다.	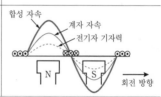

용어 06 ▶ 동기 발전기의 자기 여자 현상

무여자 상태에서 동기 속도로 회전하는 동기 발전기에 무부하 송전선 등의 용량성 부하를 접속한 경우 잔류 자기에서 생기는 잔류 전압에 의해 앞선 전류가 흐른다.

앞선 전류가 흐르게 되면, 다시 전기자 반작용의 증자 작용으로 단자 전압을 높여 앞선 전류를 증가시키는 일이 반복된다.

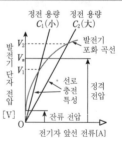

(C_2의 선로 충전으로 자기 여자 발생)

용어 07 ▶ 동기 발전기의 안정도

전력 계통은 다수의 발전기가 접속해 동기를 유지하면서 병행 운전한다. 전력 계통에 부하 변화나 사고 등으로 교란이 발생했을 때 각 발전기가 동기를 유지하고 운전을 계속할 수 있는 정도를 안정도라고 한다.

① **정태 안정도**: 부하 변동 등에 대응해 각 발전기의 출력 분담이나 계통의 조류를 완만하게 조정하고, 발전기의 동기를 유지해 안정되게 송전할 수 있는 정도이다.

② **동태 안정도**: 동기 발전기의 자동 전압 조정기(AVR)나 정지형 무효 전력 보상 장치(SVC)의 효과를 고려한 안정도이다.

③ **과도 안정도**: 전력 계통에 단락·지락 사고 등 급격한 교란이 발생한 경우라도 발전기가 탈락이나 계통 분리를 일으키지 않고, 다시 안정된 운용 상태를 회복하는 정도이다.

용어 08 ▶ 동기 발전기의 여자 방식

동기 발전기에서 자계를 만들기 위한 여자 방식에는 정지형 여자 방식과 교류 여자기 방식, 직류 여자기 방식이 있다.

① **사이리스터 여자 방식**: 정지형 여자 방식의 일종으로, 여자용 변압기를 설치해서 발전기 주회로에서 전압을 추출한다. 사이리스터를 이용하므로 여자 제어의 속응성이 높다.

② **브러시리스 여자 방식**: 교류 여자기 방식의 일종으로, 주기에 직결하여 설치되며 정류기가 필요하다.

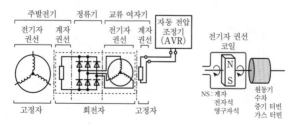

③ **직류 여자기 방식**: 보수에 손이 많이 가서 최근에는 사용되지 않는다.

부하의 급변, 단자 전압의 급변, 주파수의 급변 등에 의해 부하각이 진동하는 현상이다.

이에 대한 방지 대책은 다음과 같다.

① 제동 권선을 채용한다.

회전자의 계자 자극면에 제동 권선을 설치해 동기 속도를 벗어난 경우에 제어 토크를 발생시킨다. 이 경우 권선의 저항은 작을 수록 좋다.

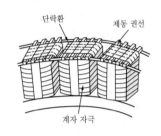

② 플라이휠을 채용한다.

회전자의 각속도를 균일하게 해서 부하 급변 시 회전 속도가 급변하는 것을 억제한다.

아라고는 구리 원판에 가까이 배치한 자석을 회전시킬 때 구리 원판도 회전하는 현상을 발견했는데 이 현상을 아라고의 원판이라고 부른다.

구리 원판에는 전자 유도의 법칙에 따라 맴돌이 전류가 흐르고, 플레밍의 왼손 법칙에 기초해서 회전한다. 아라고의 원판은 유도 전동기의 회전 원리를 나타낸다.

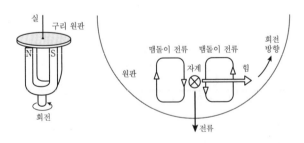

용어 11 ▶ 농형 유도 전동기

유도 전동기 중 2차측 회전자의 동(알루미늄) 막대를 단락환에 접한 구조이다. 3상 유도 전동기로서 가장 많이 채용된다.

농형 유도 전동기의 특징은 다음과 같다.

① 구조가 간단하고 견고하며 싸다.

② 슬립링이 없으므로 보수성이 뛰어나다.

③ 운전 효율이 좋다.

④ 인버터 제어로 속도를 제어할 수 있다.

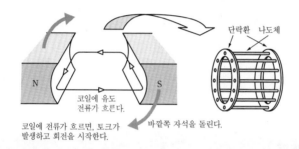

단락환 나도체

코일에 유도
전류가 흐른다.

코일에 전류가 흐르면, 토크가
발생하고 회전을 시작한다.

바깥쪽 자석을 돌린다.

용어 12 ▶ 권선형 유도 전동기

2차측 회전자가 1차측과 같은 권선형식으로 된 구조이다. 회전자의 권선은 슬립링을 매개로 외부 저항에 연결된다.

회전자에 흐르는 전류의 크기를 외부 저항에 의해 변경해 속도를 제어할 수 있다. 시작, 정지, 정전, 역전, 속도 제어 등 빈번하게 반복하는 크레인이나 큰 기동 토크가 필요한 경우에 사용한다.

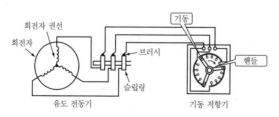

기동

회전자 권선

회전자

브러시

핸들

슬립링

유도 전동기

기동 저항기

유도 전동기의 회전 속도는 다음과 같이 나타낼 수 있다.

$$N = \frac{120f}{P}(1-s) \, [\text{rpm}]$$

이때, 속도의 제어 요소는 P(극수), f(주파수), s(슬립) 3가지이다. 이 요소들을 정리하면 다음 표와 같다.

제어 요소	속도 제어법	
자극수	극수 변환	
주파수	전압형 인버터	
	1차 주파수 제어	전류형 인버터
	사이클로 컨버터	
슬립	2차 여자 제어	크래머 방식, 셀비우스 방식
	1차 전압 제어	

3상 농형 유도 전동기를 직입 기동했을 때 기동 전류는 정격 전류의 4~6배 정도로 커진다.

Y-△ 기동에서는 Y-△ 기동기를 이용해 기동 시에는 1차측 권선을 Y결선으로 하고, 운전 시에는 △결선으로 한다. 직입 기동보다 기동 전류를 $\frac{1}{3}$로 줄일 수 있지만, 기동 토크도 $\frac{1}{3}$이 되므로 기동 시간은 길어진다.

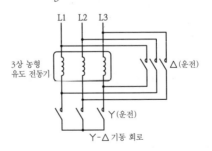

Y-△ 기동 회로

용어 15 ▶ 유도 발전기

유도 전동기와 같은 구조로, 전력 계통에서 공급되는 3상 교류를 이용해 고정자에 회전 자계를 만든다.

동기 속도 이상으로 회전자를 회전시키면, 회전자 도체에 발생하는 기전력은 플레밍의 오른손 법칙에서 전동기와 역방향이 된다.

이때, 전류는 2차 권선에서 1차 권선 방향으로 흘러 유도 발전기가 된다. 유도 발전기는 중소 규모 수력 발전이나 풍력 발전에 사용된다.

동기 발전기와 비교하면 다음과 같은 특성이 있다.
① 여자 장치가 필요 없고, 건설 비용이나 보수 비용이 저렴하다.
② 기동, 계통으로의 병렬 등 운전 조작이 간단하다.
③ 부하나 계통에 대해 지연 무효 전력 조정을 할 수 없다.
④ 단독으로 발전할 수 없고, 전력 계통의 전원이 필요하다.
⑤ 계통에 병렬 시 큰 돌입 전류가 흐른다.

용어 16 ▶ 스테핑 모터

스테핑 모터는 펄스 모터라고도 불린다. 회전자는 N극과 S극 자석이고, 고정자쪽에는 전자석이 배치된다. 고정자쪽 1~4 전자석의 펄스 전류를 순차적으로 전환해가면, 여기에 동기해서 자석과 전자석 사이에 인력과 척력이 발생하고 회전자가 회전한다.

펄스 신호의 발생 횟수(진폭수)와 주기(주파수)로 모터의 회전각과 회전 속도가 결정된다.

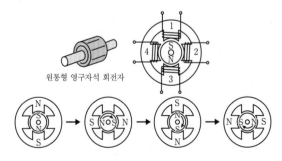

원통형 영구자석 회전자

용어 17 ▶ 변압기 냉각 방식

변압기의 철손과 동손에 의한 손실은 열이 되어 철심과 권선의 온도를 상승시킨다. 이 때문에 냉각 효과를 높이고자 아래와 같은 냉각 방식이 채용되고 있다.

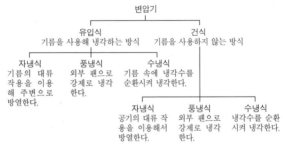

용어 18 ▶ 변압기 손실

변압기 손실은 부하에 관계 없이 발생하는 무부하손과 부하 전류에 따라 변화하는 부하손으로 나눌 수 있고, 세분하면 아래와 같은 체계로 되어 있다.

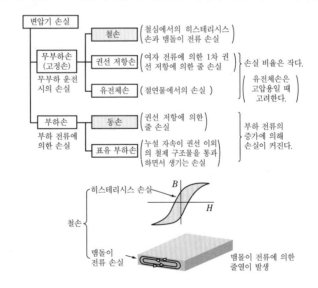

용어 19 ▶ 아몰퍼스 변압기

원자 배열이 랜덤인 비정질 재료를 사용한 변압기로, 철·규소·붕소를 원재료로 한 용융 합금을 초고속 냉각함으로써 결정 생성을 방지한 것이다.

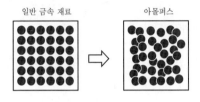

일반 금속 재료   아몰퍼스

기존의 규소 강판 철심보다 철손을 $\frac{1}{3} \sim \frac{1}{4}$로 낮출 수 있다. 포화 자속 밀도가 낮아 점적률이 커지고 소재가 얇고 무르다. 조립 작업성 및 지지 구조상의 이유로 여분의 공간이 생겨 외형과 중량은 커진다.

용어 20 ▶ 여자 돌입 전류

무여자의 변압기를 계통에 접속할 때 과도적으로 흐르는 전류이다. 여자 돌입 전류가 최대가 되는 것은 변압기가 전압의 순시값이 0인 순간에 투입되고 잔류 자속 Φ_r이 인가 전압에 의한 자속 변화 방향과 동일한 방향에 있는 경우이다.

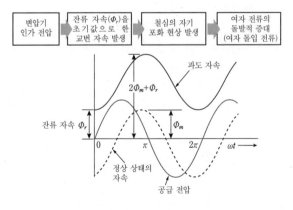

Y결선에서는 중성점이 접지되지 않으면 3상 전류 속 제3고조파 전류가 동일 위상이므로, 합계는 0이 되지 않는다.

Y결선의 중성점이 접지되지 않은 경우에는 제3고조파 전류의 통로가 없기 때문에, 전류는 정현파가 되어 각 상의 자속과 유도 기전력에 제3고조파를 포함하게 된다. 이 결과 통신선에 전자 유도 장해를 초래한다.

이에 대한 대책으로서 제3고조파 전류가 환류하는 △권선을 설치한 Y–Y–△ 결선이 사용된다.

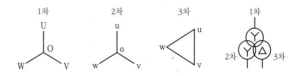

2권선 변압기와 같은 복권 변압기에서는 1차 권선과 2차 권선이 절연되어 있다. 반면에, 단권 변압기는 1차 권선과 2차 권선의 일부를 공통으로 하는 형태의 변압기이다.

단권 변압기의 특징은 다음과 같다.

① 전압의 승·강압과 전동기의 기동에 이용된다.

② 입·출력 간이 절연되지 않아, 재료를 절약할 수 있고 소형·경량이다.

③ 누설 임피던스, 전압 변동률, 손실이 작다.

④ 임피던스가 작으므로 단락 전류는 크다.

⑤ 1차측과 2차측을 절연할 수 없으므로, 저압쪽에 이상 전압이 영향을 준다.

용어 23 각변위

변압기의 결선 방법에 따라 1차측과 2차측의 위상각이 변화하는 것을 의미한다. 단상 변압기 3대를 조합한 경우 1차측과 2차측이 같은 결선(△-△이나 Y-Y)에서는 각변위가 없지만, △-Y나 Y-△ 결선한 경우에는 1차측과 2차측의 위상각은 30° 변위한다. Y-△ 결선에서는 1차측에 대해 2차측은 30° 늦은 위상이다.

1차측을 시계 문자판의 12시 위치로 하고, 2차측이 30° 늦으면, 시계의 문자판의 1 위치에 해당하므로 Yd1로 표시한다.

접속 기호		Yy0	Dd0	Yd1	Dy11
유도 전압 벡터도	1차 권선	U / W V	U / W △ V	U / W V	U △ W V
	2차 권선	u / w v	u / w △ v	w ◁ u v	u / w v

용어 24 스위치 소자

스위치 소자의 온(도통), 오프(비도통) 전압과 전류 상태는 아래 그림과 같다. 스위치 소자가 오프에서 온으로 전환하는 것을 점호(点弧)라고 하고, 점호에 필요한 시간을 턴온 시간이라고 한다. 또 온에서 오프로 전환하는 것을 소호라고 하고, 소호에 필요한 시간을 턴오프 시간이라고 한다.

또한, 스위치 온 시 스위치 소자 양끝에 발생하는 전압을 순전압 강하라고 한다.

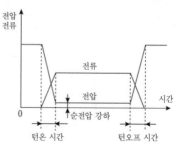

절연 게이트 바이폴라 트랜지스터로, MOSFET을 입력단으로 하고 바이폴라 트랜지스터(BJT)를 출력단으로 하는 달링턴 접속 구조를 동일 반도체 기판상에 구성한 파워 트랜지스터이다.

컬렉터(C), 이미터(E), 게이트(G)가 있고, 게이트와 이미터 간의 전압에 의해 온 상태, 오프 상태를 양방향으로 제어할 수 있는 전압 제어형 디바이스이다. MOSFET의 약점인 고내 전압, 대전류화가 개선됐다.

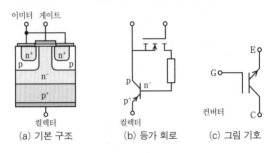

(a) 기본 구조 (b) 등가 회로 (c) 그림 기호

컨버터 부분을 다이오드로 구성해서 정류하고, 인버터 부분은 자기 소호 소자(파워 트랜지스터, GTO, IGBT)와 다이오드를 조합한 구조이다. 이들 소자의 온·오프로 가변 주파수 교류로 변환되며, 에너지의 흐름은 한 방향이다.

DCL(직류 리액터)은 인버터 전원측 입력 역률 개선, 고조파 저감을 제어할 경우에 사용한다.

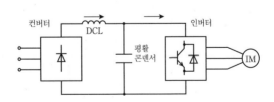

용어 27 ▶ 회생 제동형 인버터

컨버터부에 PWM 정류 장치를 이용하여, 회생 에너지를 교류 전원으로 환원한다. 이 방식에서는 엘리베이터나 가역 빈도가 높은 공작 기계의 회생 에너지를 전원 역률을 제어하면서 전원으로 환원한다.

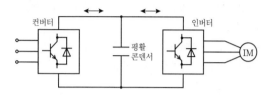

용어 28 ▶ 환류 다이오드

유도성 부하에 전류가 흐르면, 전원의 극성이 음인 기간이라도 전류를 흘려보내려고 한다. 환류 다이오드(프리 휠링 다이오드)는 이 성질을 이용하여 부하 전류를 흘려보내기 위해 장착하는 다이오드이다.

환류 다이오드를 장착하면 전원의 극성이 음인 기간에도 부하 전류가 흐르고, 직류 평균 전압이 저하되는 것을 제어할 수 있다.

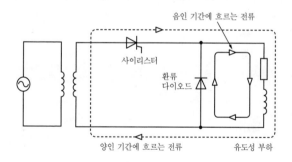

용어 29 사이클로 컨버터

입력 교류 전압에 위상 변조 제어를 이용해 입력 주파수보다 낮은 주파수의 교류를 얻을 수 있는 전력 변환 장치이다.

3상 사이리스터 브리지 정류 회로를 2개 조합해, 각각 A측 양군 컨버터, B측 음군 컨버터로 하고, 각 사이리스트의 제어각을 개별적으로 제어한다. 3상 유도 전동기의 속도 제어에도 이용된다.

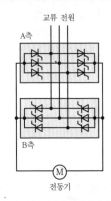

 용어 30 펄스폭 변조(PWM)

전압형 인버터의 출력 전압 제어에는 주로 PWM(Pulse Width Modulation) 방식이 이용된다.

1사이클의 전압 파형을 분할해 다수의 펄스열로 구성하고, 펄스의 수, 간격, 폭 등을 시간적으로 변화시켜 평균값을 정현파 형태가 되도록 제어한다. 스위치의 온·오프 타이밍을 조정해 전압·주파수를 변화시킬 수 있고, 3상 유도 전동기의 VVVF 제어 등에 이용된다.

어떤 시점의 전압과 주파수	ON 시간을 짧게 (길게)해서 전압을 변화한다.	ON, OFF 간격을 짧게(길게)해서 주파수를 변화한다.
E 0 π 2π ωt $-E$	E 0 π 2π ωt $-E$	E 0 2π 4π ωt $-E$

용어 31 감속비

2개의 톱니바퀴가 조합된 경우 그림처럼 톱니바퀴 B의 톱니수가 톱니바퀴 A의 톱니수의 2배일 때 톱니바퀴 B를 1회 회전시키기 위해 톱니바퀴 A를 2회 회전시켜야만 한다. 이 경우 감속비는 2이다.

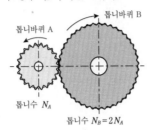

톱니바퀴 A

톱니바퀴 B

톱니수 N_A

톱니수 $N_B = 2N_A$

용어 32 회생 제동

전동기를 발전기로서 동작시키고, 회선기의 운동 에너지를 전기 에너지로 변환해 회수함으로써 제동을 거는 전기 브레이크이다.

전동기를 전원에 접속한 채로 전동기의 유도 기전력을 전원 전압보다 높게 하면, 전동기는 발전기가 되고, 발생 전력은 전원측으로 반송되어 전력이 회생되면서 제동이 가해진다.

제동 저항을 접속하지 않은 경우에는 전동기 내부 손실분이 제동력으로 작용한다. 전동기를 동력으로 하는 엘리베이터, 전차 등에 이용된다.

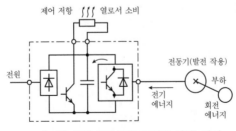

제어 저항 ∫∫∫ 열로서 소비

전원

전동기(발전 작용)

부하

전기 에너지

회전 에너지

〔그림〕 회생 제동(제동 저항에 의한) 방식

memo

04
회로이론

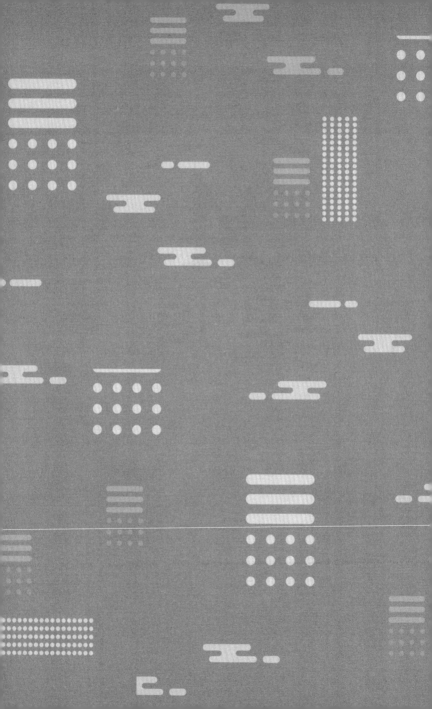

I

필수 공식 해설

(1) 전류 $I = \dfrac{Q}{t}$ [A]

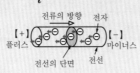

(2) 전류 $I = \dfrac{V}{R}$ [A]

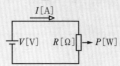

여기서, Q : 전하[C], t : 시간[sec], R : 저항[Ω], V : 전압[V]

학습 POINT

① 전선의 단면을 통하여 단위 시간에 통과하는 전기량(전하)을 전류라고 한다.

② 옴의 법칙 : 전기 회로에 흐르는 전류 I는 전압 V에 비례하고, 전기 저항 R에 반비례한다.

③ 전력 P의 기본식은 $P = VI$[W]이지만 변형한 식도 자주 사용된다.

$$P = VI = RI^2 = \dfrac{V^2}{R} \text{ [W]}$$

$$\boxed{V = RI} \quad \boxed{I = \dfrac{V}{R}}$$

여기서, [W]=[J/sec]

④ 전력량 W는 전력 사용 시간을 t[sec]라고 하면,

$$W = Pt = VIt = VQ \text{ [J]}$$

전력을 P[kW], 사용 시간을 T[h]라고 하면,

$$W = PT \text{ [kW·h]}$$

⑤ RI^2을 t[sec] 시간 사용했을 때 발열량(줄열) H는 다음과 같다.

$$H = RI^2 t \text{ [J]}$$

이것을 줄의 법칙이라고 한다.

⑥ 단위 기호 앞에 붙는 접두어

[표현 예] 3[MΩ]의 저항, 30[kV]의 전압, 2[mA]의 전류

〔표〕 자주 사용하는 접두어

10^{-12}	10^{-6}	10^{-3}	1	10^3	10^6	10^9
p (피코)	μ (마이크로)	m (밀리)	기준	k (킬로)	M (메가)	G (기가)

(1) 전기 저항 $R = \rho \dfrac{l}{S}$ [Ω]

(2) 온도 변화 $R_2 = R_1\{1 + \alpha_1(t_2 - t_1)\}$

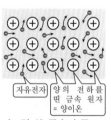

단면적 $S[\text{m}^2]$

길이 $l[\text{m}]$

여기서, ρ : 저항률[Ω · m]

S : 도체의 단면적[m²]

l : 도체의 길이[m], R_2 : 온도 상승 후 저항[Ω]

R_1 : 온도 상승 전 저항[Ω]

α_1 : t_1[K]에서 저항의 온도 계수

t_2 : 상승 후 온도[K], t_1 : 상승 전 온도[K]

학습 POINT

① 전기 저항 R은 길이 l에 비례하고, 단면적 S에 반비례한다.

② 금속의 저항률

　㉠ 저항률이 낮은 순서로 은→동→금→알루미늄이 된다.

　㉡ 저항률 ρ의 역수는 전도율 σ[S/m]이다. (S : 시멘스)

종류	저항률 [Ω·mm²/m]
은	0.0162
연동	0.0172 (1/58)
경동	0.0182 (1/55)
금	0.0262
알루미늄	0.0285 (1/35)

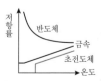

자유전자　양의 전하를 띤 금속 원자 = 양이온

[그림 1] 금속의 구조

③ 도체의 단면적 S를 구하는 방법 : 반지름 r[m], 지름이 D[m]라면 단면적 S는 다음과 같이 구할 수 있다.

$$S = \pi r^2 = \pi\left(\dfrac{D}{2}\right)^2 = \dfrac{\pi}{4}D^2 \ [\text{m}^2]$$

④ 저항의 온도 계수 : 온도가 상승했을 때 저항값이 증가하면 정특성 온도 계수라고 하고, 반대로 온도가 상승했을 때 저항값이 감소하면 부특성 온도 계수라고 한다.

저항률

반도체

금속

초전도체

온도

[그림 2] 저항의 온도 변화

구분	직렬 접속	병렬 접속
회로		
특징	① 전류는 일정$(I=I_1=I_2)$ ② 전압은 분배$(V=V_1+V_2)$	① 전압은 일정$(V=V_1=V_2)$ ② 전류는 분배$(I=I_1+I_2)$
합성 저항	① 저항이 2개인 경우 　$R_0=R_1+R_2[\Omega]$ ② 저항이 n개인 경우 　㉠ $R_0=R_1+R_2+\cdots+R_n[\Omega]$ 　㉡ $R_1=R_2=\cdots=R_n=R$인 　　경우 : $R_0=nR[\Omega]$	① 저항이 2개인 경우 : $R_0=\dfrac{1}{\dfrac{1}{R_1}+\dfrac{1}{R_2}}=\dfrac{R_1\times R_2}{R_1+R_2}$ ② 저항이 n개인 경우 　㉠ $R_0=\dfrac{1}{\dfrac{1}{R_1}+\dfrac{1}{R_2}+\cdots+\dfrac{1}{R_n}}[\Omega]$ 　㉡ $R_1=R_2=\cdots=R_n=R$인 경우 : $R_0=\dfrac{R}{n}[\Omega]$
분배 법칙	① $V_1=\dfrac{R_1}{R_1+R_2}\times V$ ② $V_2=\dfrac{R_2}{R_1+R_2}\times V$	① $I_1=\dfrac{R_2}{R_1+R_2}\times I$ ② $I_2=\dfrac{R_1}{R_1+R_2}\times I$

(1) 직렬 회로

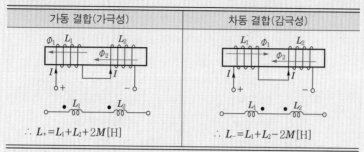

가동 결합(가극성)	차동 결합(감극성)
$\therefore L_+ = L_1 + L_2 + 2M \,[\mathrm{H}]$	$\therefore L_- = L_1 + L_2 - 2M \,[\mathrm{H}]$

(2) 병렬 회로

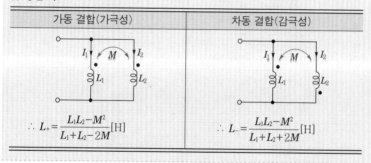

가동 결합(가극성)	차동 결합(감극성)
$\therefore L_+ = \dfrac{L_1 L_2 - M^2}{L_1 + L_2 - 2M} \,[\mathrm{H}]$	$\therefore L_- = \dfrac{L_1 L_2 - M^2}{L_1 + L_2 + 2M} \,[\mathrm{H}]$

회로이론

구분	직렬 회로	병렬 회로
회로		
특징	① 전하는 일정$(Q=Q_1=Q_2)$ ② 전압은 분배$(V=V_1+V_2)$	① 전압은 일정$(V=V_1=V_2)$ ② 전하는 분배$(Q=Q_1+Q_2)$
합성 용량	① 정전 용량이 2개인 경우 $$C_0=\dfrac{1}{\dfrac{1}{C_1}+\dfrac{1}{C_2}}=\dfrac{C_1\times C_2}{C_1+C_2}\,[\text{F}]$$ ② 정전 용량이 n개인 경우 ㉠ $C_0=\dfrac{1}{\dfrac{1}{C_1}+\dfrac{1}{C_2}+\cdots+\dfrac{1}{C_n}}\,[\text{F}]$ ㉡ $C_1=C_2=\cdots=C_n=C$인 경우 $$C_0=\dfrac{C}{n}\,[\text{F}]$$	① 정전 용량이 2개인 경우 $C_0=C_1+C_2[\text{F}]$ ② 정전 용량이 n개인 경우 ㉠ $C_0=C_1+C_2+\cdots+C_n[\text{F}]$ ㉡ $C_1=C_2=\cdots=C_n=C$인 경우 $C_0=nC[\text{F}]$
분배 법칙	① $V_1=\dfrac{C_2}{C_1+C_2}\times V$ ② $V_2=\dfrac{C_1}{C_1+C_2}\times V$	① $Q_1=\dfrac{C_1}{C_1+C_2}\times Q$ ② $Q_2=\dfrac{C_2}{C_1+C_2}\times Q$

여기서, V_1 : C_1의 단자 전압

V_2 : C_2의 단자 전압

(1) 제1법칙

회로망에서 임의 전류의 접속점에서 전류의 유입합과 유출합은 같다.

$$I = I_1 + I_2 [A]$$

전류 $I[A]$　전류 $I_1[A]$

분기점 ②　전류 $I_2[A]$

전압 $V[V]$　저항 $R_1[\Omega]$　저항 $R_2[\Omega]$

전류 $I[A]$

분기점 ②

(2) 제2법칙

회로망의 임의 폐회로 내에서 전원 전압의 합은 전압 강하의 합과 같다.

$$R_1 I_2 = R_2 I_1 = V[V], \quad R_2 I_1 - R_1 I_2 = 0[V]$$

학습 POINT

① 제1법칙([그림 1] 점 d에 적용)

$$I_1 + I_2 = I_3 [A]$$

② 제2법칙(각 경로에 e 적용)

　㉠ 경로 1 : $R_1 I_1 + R_3 I_3$
　　　　　$= E_1 + E_2 [V]$

　㉡ 경로 2 : $R_2 I_2 + R_3 I_3 = E_3 [V]$

　㉢ 경로 3 : $R_1 I_1 - R_2 I_2$
　　　　　$= E_1 + E_2 - E_3 [V]$ ← ± 부호에 주의!

③ 전압 강하 이미지 : [그림 2]의 회로에서는 3개 전압 강하의 합이 E와 같다.

$$R_1 I + R_2 I + R_3 I = E[V]$$

④ 중첩의 원리 : 다수의 전원이 있을 경우 단시간에 계산할 수 있는 방법이다. [그림 3]의 원회로 각 전류는 다음과 같다.

$$I_a = I_a' + I_a'', \quad I_b = I_b' + I_b'', \quad I_c = I_c' + I_c''$$

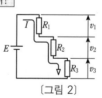

〔그림 2〕

[원회로]　　=　　[회로 ①]　　+　　[회로 ②]

〔그림 3〕

※주의 : 회로 ①·②에서 계산에 포함하지 않는 원회로의 전압원을 단락, 전류원은 개방한다.

회로이론

147

전류 $I = \dfrac{V}{R_0 + R}$ [A]

여기서, V : ab 간 개방 시 단자 전압[V]

R_0 : ab 간 개방 단자에서 회로망
을 바라보는 저항[Ω]

R : 단자 ab 사이에 연결하는 외부 저항[Ω]

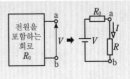

학습 POINT

① 테브난의 정리 : 회로의 두 단자 ab 사이의 전압을 V[V], 단자 ab에서 본 회로의 내부 합성 저항을 R_0[Ω]이라고 하면, ab 단자에 저항 R[Ω]을 접속 했을 때 흐르는 전류 I는 다음과 같이 구할 수 있다.

$$I = \dfrac{V}{R_0 + R} \text{ [A]}$$

② 테브난의 정리를 적용할 때 주의할 점 : 내부 합성 저항 R_0[Ω]를 구할 때 에는 정전압원은 단락하고, 정전류원은 개방한다.

③ 정전압원과 정전류원 : 정전압원은 이상적 전압원, 정전류원은 이상적 전 류원이고, 이 둘의 차이는 [표]와 같다.

[표] 정전압원과 정전류원의 비교

정전압원	정전류원
내부 저항이 제로이다.	내부 저항이 무한대이다.
부하 크기에 관계없이 단자 전압은 일정하다.	부하 크기에 관계없이 전류는 일정하다.

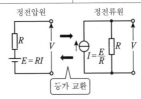

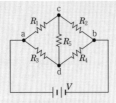

(a) 휘트스톤 브리지 회로

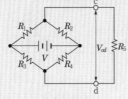

(b) 등가 변환

(c) 평형 시 회로

(1) c, d의 단자 전압 $V_{cd}=V_c-V_d=\dfrac{R_2R_3-R_1R_4}{(R_1+R_2)(R_3+R_4)}\times V$

여기서, $V_c=\dfrac{R_2}{R_1+R_2}\times V$

$V_d=\dfrac{R_4}{R_3+R_4}\times V$

(2) $R_1R_4=R_2R_3$를 만족하면 $V_c=0$이 되어 R_5측으로 전류가 흐르지 않는다.
이를 휘트스톤 브리지 회로가 평형되었다고 한다.

(3) 평형 시 〔그림 (c)〕처럼 개방 상태와 같이 등가 변환시킬 수 있다.

회로이론

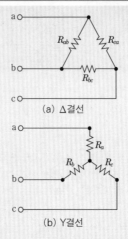

(a) △결선

(b) Y결선

△결선 → Y결선	Y결선 → △결선
① $R_a = \dfrac{R_{ab} \cdot R_{ca}}{R_{ab}+R_{bc}+R_{ca}}\,[\Omega]$	① $R_{ab} = \dfrac{R_a \cdot R_b + R_b \cdot R_c + R_c \cdot R_a}{R_c}\,[\Omega]$
② $R_b = \dfrac{R_{ab} \cdot R_{bc}}{R_{ab}+R_{bc}+R_{ca}}\,[\Omega]$	② $R_{bc} = \dfrac{R_a \cdot R_b + R_b \cdot R_c + R_c \cdot R_a}{R_a}\,[\Omega]$
③ $R_c = \dfrac{R_{bc} \cdot R_{ca}}{R_{ab}+R_{bc}+R_{ca}}\,[\Omega]$	③ $R_{ca} = \dfrac{R_a \cdot R_b + R_b \cdot R_c + R_c \cdot R_a}{R_b}\,[\Omega]$
④ $R_{ab}=R_{bc}=R_{ca}=R$인 경우 $R_a=R_b=R_c=\dfrac{R}{3}\,[\Omega]$	④ $R_a=R_b=R_c=R$인 경우 $R_{ab}=R_{bc}=R_{ca}=3R\,[\Omega]$

(1) 분류기의 배율

$$m = 1 + \frac{r_a}{R_s}$$

(2) 배율기의 배율

$$m = 1 + \frac{R_m}{r_v}$$

(3) 오차율

$$\varepsilon = \frac{M - T}{T} \times 100 \, [\%]$$

(4) 보정률

$$\alpha = \frac{T - M}{M} \times 100 \, [\%]$$

여기서, R_s : 분류기 저항[Ω], r_a : 전류계 저항[Ω]

R_m : 배율기 저항[Ω], r_v : 전압계 저항[Ω]

M : 측정값, T : 참값

회로이론

학습 POINT

① 분류기는 전류계의 측정 범위를 m배로 확대하기 위한 저항으로, 전류계와 병렬로 설치한다. 전류계의 전류 I는 다음과 같이 구한다.

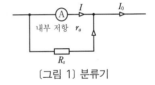

$$I = I_0 \times \frac{R_s}{R_s + r_a} \, [A]$$

〔그림 1〕 분류기

∴ 측정 배율 $m = \dfrac{\text{측정 전류 } I_0}{\text{전압계의 지시 } I}$

$$= 1 + \frac{r_a}{R_s}$$

분류기의 저항 $R_s = \dfrac{r_a}{m - 1} \, [\Omega]$

② 배율기는 전압계의 측정 범위를 m배로 확대하기 위한 저항으로, 전압계와 직렬로 설치한다. 전압계의 전압 V는 다음과 같이 구한다.

$$V = V_0 \times \frac{r_v}{R_m + r_v} \, [V]$$

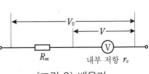

∴ 측정 배율 $m = \dfrac{\text{측정 전압 } V_0}{\text{전압계의 지시 } V}$

〔그림 2〕 배율기

$$= 1 + \frac{R_m}{r_v}$$

배율기의 저항 $R_m = (m - 1) r_v \, [\Omega]$

151

(1) **순시값** $e = E_m \sin(\omega t + \theta)\,[\text{V}]$

(2) **각주파수** $\omega = 2\pi f\,[\text{rad/sec}]$

(3) **주기** $T = \dfrac{1}{f}\,[\text{sec}]$

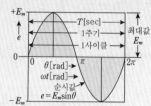

여기서, E_m : 전압의 최대값[V]

   ω : 각주파수[rad/sec]

   t : 시간[sec], θ : 위상각[rad], f : 주파수[Hz]

학습 POINT

① 정현파 전압은 주기 $T[\text{sec}]$에서 규칙적인 sin파형을 그린다.

② ωt는 변화하는 크기이고 호도법에 의한 각도[rad]이다.

③ 호도법에서 $\pi[\text{rad}]$는 도수법으로 $180°$이다. 단위는 각각 각도를 나타낸다.

④ 위상각 θ는 +값이면 진상, -값이면 지상을 나타낸다.

⑤ 정현파 전압의 평균값과 실효값을 〔표〕에 나타냈다.

〔표〕 정현파 전압의 평균값과 실효값

구분	평균값 E_{av}	실효값 E
정의	반주기에서 순시값의 평균값	$\sqrt{(\text{순시값})^2\text{의 평균값}}$
설명도		
식 표현	$E_{av} = \dfrac{2}{\pi}E_m$ $\left(\text{최대값의 } \dfrac{2}{\pi}\text{ 배}\right)$	$E = \dfrac{E_m}{\sqrt{2}}$ $\left(\text{최대값의 } \dfrac{1}{\sqrt{2}}\text{ 배}\right)$

⑥ 파형률과 파고율은 다음과 같이 나타낸다.

$$\text{파형률} = \frac{\text{실효값}}{\text{평균값}}, \quad \text{파고율} = \frac{\text{최대값}}{\text{실효값}}$$

구분	R만의 회로	L만의 회로	C만의 회로
페이저도			
정지 벡터도			
특징	① $I_R = \dfrac{V}{R}$ [A] ② 전류는 전압과 동위상이다.	① $I_L = \dfrac{V}{X_L} = \dfrac{V}{\omega L}$ [A] ② 전류는 전압보다 위상이 $90°$ 늦다(lag).	① $I_C = \dfrac{V}{X_C} = \omega CV$ [A] ② 전류는 전압보다 위상이 $90°$ 빠르다(lead).

여기서, X_L : 유도성 리액턴스
X_C : 용량성 리액턴스

회로이론

(1) 임피던스 $\dot{Z} = R + j\left(\omega L - \dfrac{1}{\omega C}\right)$ [Ω]

(2) $\dot{Z}$의 크기 $Z = \sqrt{R^2 + \left(\omega L - \dfrac{1}{\omega C}\right)^2}$ [Ω]

(3) 역률 $\cos\theta = \dfrac{\text{유효 전력}}{\text{피상 전력}} = \dfrac{P}{S} = \dfrac{R}{Z}$

(4) 전압 $\dot{V} = \dot{Z}\dot{I} = \left\{R + j\left(\omega L - \dfrac{1}{\omega C}\right)\right\}\dot{I} = V_R + j(V_L - V_C)$ [V]

(5) 직렬 공진 주파수 $f_0 = \dfrac{1}{2\pi\sqrt{LC}}$ [Hz]

여기서, E : 저항[Ω], ω : 각주파수[rad/sec], L : 인덕턴스[H]
C : 정전 용량[F], I : 전류[A], V_R : R의 단자 전압[V]
V_L : L의 단자 전압[V], V_C : C의 단자 전압[V]

학습 POINT

① [그림 1]의 임피던스 $\dot{Z}$는 저항 R, 유도성 리액턴스 $X_L = \omega L$, 용량성 리액턴스 $X_C = \dfrac{1}{\omega C}$의 벡터합으로 계산할 수 있다.

$$\dot{Z} = R + j(X_L - X_C)\,[\Omega]$$

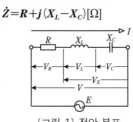

[그림 1] 전압 분포

[그림 2] 전압의 벡터

② 직렬 공진 : *RLC* 직렬 회로에서 $\omega L = \dfrac{1}{\omega C}$ 이라면, $\dot{Z} = R$이 된다. 이 상태를 가리켜 직렬 공진이라고 하고, 회로 진류는 최대가 되며 전원 전압과 동상이 된다. 직렬 공진 상태에서는 전원 전압과 저항의 단자 전압은 같아진다.

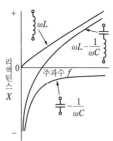

[그림 3] 리액턴스와
주파수의 관계

(1) 전체 전류 $\dot{I} = \dot{I}_R + \dot{I}_L + \dot{I}_C$ [A]

(2) I의 크기 $I = \sqrt{I_R{}^2 + (I_L - I_C)^2}$ [A]

(3) 어드미턴스 $\dot{Y} = G + jB = \dfrac{1}{R} + j\left(\omega C - \dfrac{1}{\omega L}\right)$ [S]

(4) 역률 $\cos\theta = \dfrac{P}{S} = \dfrac{Z}{R}$

(5) 각 소자의 전류 $\dot{I}_R = \dfrac{\dot{V}}{R}$ [A], $\dot{I}_L = \dfrac{\dot{V}}{j\omega L}$ [A]

$$\dot{I}_C = j\omega C \dot{V} \text{ [A]}$$

(6) 병렬 공진 주파수 $f_0 = \dfrac{1}{2\pi\sqrt{LC}}$ [Hz]

여기서, R : 저항[Ω], ω : 주파수[rad/sec], L : 인덕턴스[H]
C : 정전 용량[F], V : 단자 전압[V]

학습 POINT

① 〔그림 1〕의 어드미턴스 Y는 컨덕턴스 $\dfrac{1}{R}$과 서셉턴스 $\omega C - \dfrac{1}{\omega L}$ 의 벡터합으로 계산할 수 있다〔그림 2〕.

$$\dot{Y} = \boxed{\dfrac{1}{R}} + j\,\boxed{\left(\omega C - \dfrac{1}{\omega L}\right)} \text{ [S]}$$

컨덕턴스 G　　　서셉턴스 B

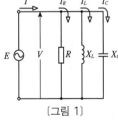
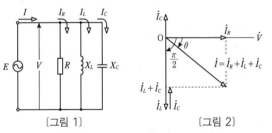

〔그림 1〕　　　　　　　　〔그림 2〕

② **병렬 공진** : *RLC* 병렬 회로에서 $\omega L = \dfrac{1}{\omega C}$ 이면, $\dot{Y} = \dfrac{1}{R}$로 어드미턴스는 최소가 된다. 이 상태를 병렬 공진이라고 하고, 회로 전류는 최소가 되며 전원 전압과 동상이 된다.

(1) 유효 전력

$$P = VI\cos\theta = RI^2 \,[\text{W}]$$

(2) 무효 전력

$$Q = VI\sin\theta = XI^2 \,[\text{Var}]$$

(3) 피상 전력

$$S = \sqrt{P^2 + Q^2} = VI$$
$$= ZI^2 \,[\text{V}\cdot\text{A}]$$

(4) 역률

$$\theta = \frac{P}{S}$$

여기서, V : 전압[V], I : 전류[A], R : 저항[Ω]

X : 리액턴스[Ω], Z : 임피던스[Ω], $\cos\theta$: 부하역률

학습 POINT

① 전압·전류 파형과 전력

전압과 전류의 위상	전압 v·전류 i·전력 p의 파형	전력 P [W]
동상	평균 전력 $P=VI$	VI
90° 차이	평균 전력 $P=0$	0

② 임피던스와 전력의 관계 : 저항 $R[\Omega]$, 리액턴스 $X[\Omega]$, 임피던스 $Z[\Omega]$의 직렬 회로에 흐르는 전류를 $I[\text{A}]$라고 하면 다음과 같은 관계가 성립한다.

$$R^2 + X^2 = Z^2 \rightarrow R^2I^4 + X^2I^4 = Z^2I^4$$
$$\rightarrow (RI^2)^2 + (XI^2)^2 = (ZI^2)^2 \rightarrow P^2 + Q^2 = S^2$$

③ 전력의 복소수 표시(전력 벡터)

피상 전력 $\dot{S} = \dot{V}\dot{I} = VI(\cos\theta \pm j\sin\theta) = P \pm jQ \,[\text{V}\cdot\text{A}]$

단, $\dot{V}$는 전압의 켤레 복소수(공액 복소수)이고, Q는 앞선 무효 전력을 플러스(+)로, 늦은 무효 전력을 마이너스(−)로 한다.

결선	Y(별형)결선	△(델타·삼각)결선
회로	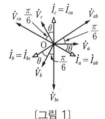	
전압	선간 전압=$\sqrt{3}\times$상전압 $V_{ab}=\sqrt{3}\,V_a[\mathrm{V}]$	선간 전압=상전압 $V_{ab}=V_a[\mathrm{V}]$
전류	선전류=상전류 $I_{ab}=I_a[\mathrm{A}]$	선전류=$\sqrt{3}\times$상전류 $I_{ab}=\sqrt{3}\,I_a[\mathrm{A}]$

학습 POINT

① Y결선의 전압과 전류 벡터 : 부하 역률이 $\cos\theta$(지연)인 경우의 전압과 전류 벡터는 〔그림 1〕과 같다.

$$\dot{V}_{ab}=\dot{V}_a-\dot{V}_b$$
$$\dot{V}_{bc}=\dot{V}_b-\dot{V}_c$$
$$\dot{V}_{ca}=\dot{V}_c-\dot{V}_a$$

Y결선에서는 선간 전압은 상전압보다 $\dfrac{\pi}{6}$ 만큼 위상이 앞선다.

〔그림 1〕

② △결선의 전압과 전류 벡터 : 부하 역률이 $\cos\theta$(지연)인 경우의 전압과 전류의 벡터는 〔그림 2〕와 같다.

$$\dot{I}_{ab}=\dot{I}_a-\dot{I}_c$$
$$\dot{I}_{bc}=\dot{I}_b-\dot{I}_a$$
$$\dot{I}_{ca}=\dot{I}_c-\dot{I}_b$$

△결선에서는 선전류는 상전류보다 $\dfrac{\pi}{6}$만큼 위상이 지연된다.

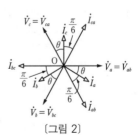

〔그림 2〕

(1) 유효 전력 $P = \sqrt{3}\,VI\cos\theta\,[\text{W}]$

(2) 무효 전력 $Q = \sqrt{3}\,VI\sin\theta\,[\text{Var}]$

(3) 피상 전력 $S = \sqrt{P^2 + Q^2} = \sqrt{3}\,VI\,[\text{V·A}]$

(4) 역률 $\cos\theta = \dfrac{P}{S}$

여기서, V : 선간 전압[V], I : 선전류[A], $\cos\theta$: 부하 역률

학습 POINT

① 〔그림 1〕 선간 전압 V와 상전압 E의 관계는 $V = \sqrt{3}E$이고, 3상 전력 P는 다음과 같이 된다.

$P = 3(EI\cos\theta)$ ← 단상의 3배

$\quad = \sqrt{3}\,VI\cos\theta\,[\text{W}]$ ← 일반형

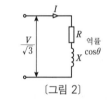

〔그림 1〕

② 〔그림 2〕에서 부하 임피던스를 $Z = R + jX[\Omega]$이라고 할 때 역률 $\cos\theta$는 다음과 같이 된다.

$$\cos\theta = \frac{R}{Z} = \frac{R}{\sqrt{R^2 + X^2}}$$

〔그림 2〕

③ 3가지 전력의 관계는 다음과 같이 표현되고, 전력 부분이 달라지는 점에 주의한다.

피상 전력 $S = 3EI = \sqrt{3}\,V\,I = 3ZI \times I = 3\,ZI^2\,[\text{V·A}]$

유효 전력 $P = S\cos\theta = \sqrt{3}\,V\,I\cos\theta = 3\,RI^2\,[\text{W}]$

무효 전력 $Q = S\sin\theta = \sqrt{3}\,V\,I\sin\theta = 3\,XI^2\,[\text{Var}]$

$P^2 + Q^2 = S^2$

④ 전력의 벡터 표시

피상 전력 $\dot{S} = 3\dot{E}\overline{I} = P \pm jQ$

(허수부의 부호 $+$: 앞선(진상) 무효 전력,

$\quad -$: 늦은(지상) 무효 전력)

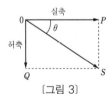

〔그림 3〕

(1) 3상 전력

$$P = W_1 + W_2 \text{[W]}$$

(2) 3상 무효 전력

$$Q = \sqrt{3}\,(W_2 - W_1)\,\text{[Var]}$$

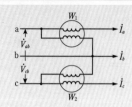

회로이론

학습 POINT

① 2전력계법에서는 단상 전력계 2대를 사용해 3상 전력과 3상 무효 전력을 측정할 수 있다.

② 3상 전력의 측정 원리 : 상전압을 $E\text{[V]}$, 선간 전압을 $V\text{[V]}$, 부하 전류를 $I\text{[A]}$, 부하 역률을 $\cos\theta$(지연)이라고 하면, 전압과 전류 벡터는 〔그림〕처럼 된다. 두 전력계의 지시값은 다음과 같다.

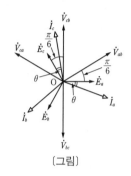

〔그림〕

$$W_1 = VI\cos\left(\frac{\pi}{6}+\theta\right)\text{[W]}, \quad W_2 = VI\cos\left(\frac{\pi}{6}-\theta\right)\text{[W]}$$

이때, 삼각함수의 덧셈 정리에 의해 3상 전력을 다음과 같이 구할 수 있다.

$$
\begin{aligned}
&\cos\left(\frac{\pi}{6}+\theta\right)+\cos\left(\frac{\pi}{6}-\theta\right) \\
&=\left(\cos\frac{\pi}{6}\cos\theta-\sin\frac{\pi}{6}\sin\theta\right)+\left(\cos\frac{\pi}{6}\cos\theta+\sin\frac{\pi}{6}\sin\theta\right) \\
&=2\cos\frac{\pi}{6}\cos\theta=\sqrt{3}\cos\theta
\end{aligned}
$$

$$\therefore P = \sqrt{3}\,VI\cos\theta = W_1 + W_2\,\text{[W]}$$

③ 3상 무효 전력의 측정 원리

$$W_2 - W_1 = VI \times 2\sin\frac{\pi}{6}\sin\theta = VI\sin\theta$$

$$\therefore Q = \sqrt{3}\,(W_2 - W_1)\text{[Var]}$$

참고 전력량[kW · h] 측정은 전력량계에 따른다.

〔표〕 단상 전력 측정법

3전압계법 $P = \dfrac{1}{2R}(V_3{}^2 - V_1{}^2 - V_2{}^2)\,[\mathrm{W}]$

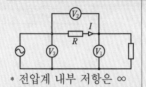 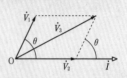

* 전압계 내부 저항은 ∞

3전류계법 $P = \dfrac{R}{2}(I_3{}^2 - I_1{}^2 - I_2{}^2)\,[\mathrm{W}]$

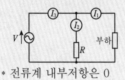 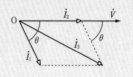

* 전류계 내부저항은 0

여기서, R : 저항[Ω]

θ : 부하의 역률각(지연 역률)

🔰 **학습 POINT**

① 3전압계법 : 3개의 전압계와 저항 R을 이용해 부하 전력을 측정할 수 있다.

$$V_3{}^2 = (V_2 + V_1\cos\theta)^2 + (V_1\sin\theta)^2 = V_1{}^2 + V_2{}^2 + 2V_1V_2\cos\theta$$

$$P = V_1 I \cos\theta = V_1 \frac{V_2}{R}\cos\theta = \frac{1}{2R}(V_3{}^2 - V_1{}^2 - V_2{}^2)\,[\mathrm{W}]$$

② 3전류계법 : 3개의 전류계와 저항 R을 이용해 부하 전력을 측정할 수 있다.

$$I_3{}^2 = (I_2 + I_1\cos\theta)^2 + (I_1\sin\theta)^2 = I_1{}^2 + I_2{}^2 + 2I_1I_2\cos\theta$$

$$P = VI_1\cos\theta = RI_2 I_1\cos\theta = \frac{R}{2}(I_3{}^2 - I_1{}^2 - I_2{}^2)\,[\mathrm{W}]$$

(1) 비정현파의 순시식

$$e = \underbrace{E_0}_{\text{직류분}} + \underbrace{\sqrt{2}E_1\sin(\omega t + \theta_1)}_{\text{기본파}} + \cdots + \underbrace{\sqrt{2}E_n\sin(n\omega t + \theta_n)}_{\text{제}n\text{고조파}}$$

(2) 전압의 실효값 $E = \sqrt{E_0^2 + E_1^2 + \cdots + E_n^2}$ [V]

(3) 피상전력 $S = EI$ [V·A]

(4) 전력 $P = E_0 I_0 + E_1 I_1 \cos\theta_1 + \cdots + E_n I_n \cos\theta_n$ [W]

(5) 역률 $\cos\theta = \dfrac{P}{S}$

여기서, E_0 : 직류분, E_1 : 기본파, E_n : n고조파의 전압[V]

ω : 각주파수[rad/sec], t : 시간[sec]

$\theta_1 \sim \theta_n$: 위상각[rad], I : 전류의 실효값

$I_0 \sim I_n$: 전류[A], $\cos\theta_1 \sim \cos\theta_n$: 역률

학습 POINT

① 〔그림〕처럼 정현파 이외의 일정한 주기의 교류를 비정현파라고 한다. 일반적으로 직류분과 주파수가 다른 많은 정현파의 집합으로 푸리에 급수를 이용해 나타낼 수 있다.

〔그림〕 비정현파의 예

② 비정현파의 실효값 : 기본파를 포함하는 비정현파 회로와 직류 회로에 각각 같은 저항을 연결했을 때 소비 전력이 같으면 실효값은 직류와 같아진다.

③ 비정현파의 전력 : 주파수가 다른 전압과 전류에서는 순시값의 곱의 평균은 모두 0이 되므로 각 주파 단위로 계산하고 합계한다.

④ 왜형률 : 비정현파가 어느 정도 일그러졌는 지 나타내기 위해 왜형률(total harmonics distortion)을 이용한다.

$$왜형률 = \frac{모든\ 고조파의\ 실효값}{기본파의\ 실효값}$$

$$= \frac{\sqrt{E_2^2 + E_3^2 + \cdots + E_n^2}}{E_1}$$

(1) *RC* 회로의 전류

① S₁을 닫았을 때 전류

$$i = \frac{E}{R}\left(1 - e^{-\frac{R}{L}t}\right)[A]$$

② 그 후 S₁은 열고 S₂를 닫았을 때 전류

$$i = \frac{E}{R}e^{-\frac{R}{L}t}[A]$$

(2) *RC* 회로의 전류

① S₁을 닫았을 때 전류

$$i = \frac{E}{R}e^{-\frac{1}{RC}t}[A]$$

② 그 후 S₁은 열고 S₂를 닫았을 때 전류

$$i = -\frac{E}{R}e^{-\frac{1}{RC}t}[A]$$

여기서, R : 저항[Ω], E : 기전력[V], L : 인덕턴스[H]
t : 시간[sec], C : 정전 용량[F], e : 자연대수의 밑

학습 POINT

① *RL* 회로의 과도 현상 파형

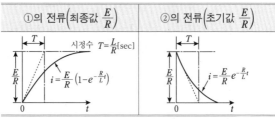

①의 전류$\left($최종값 $\frac{E}{R}\right)$	②의 전류$\left($초기값 $\frac{E}{R}\right)$
시정수 $T = \frac{L}{R}[\text{sec}]$ $i = \frac{E}{R}\left(1 - e^{-\frac{R}{L}t}\right)$	$i = \frac{E}{R}e^{-\frac{R}{L}t}$

② *RC* 회로의 과도 현상 파형

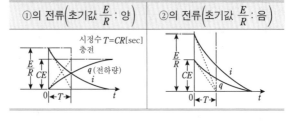

①의 전류$\left($초기값 $\frac{E}{R}$: 양$\right)$	②의 전류$\left($초기값 $\frac{E}{R}$: 음$\right)$
시정수 $T = CR[\text{sec}]$ 충전 q (전하량) i	i q

II

필수 용어 해설

〔그림〕과 같이 N극과 S극 간에 코일을 두고 이것을 회전하면 유도 기전력이 발생한다. 이 기전력은 코일 선단에 붙여진 슬립링과 브러시에 의해 밖으로 인출된다.

따라서, 저항 R에 전류가 흐르는데, 이 전류는 저항 R을 왕래하는 전류로서, 시간에 따라 그 방향이 바뀐다. 이와 같은 전류를 교류라고 하며, 교류를 흘리는 기전력을 교류 기전력, 교류를 흘리는 전압을 교류 전압이라 한다.

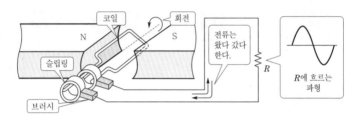

〔그림〕과 같이 N극과 S극 간에 코일을 놓고 이것을 회전시키면 기전력이 발생한다. 이 기전력은 시간에 대해서 방향이 바뀌므로 교류 기전력이다.

코일이 회전하고 있으므로 아래 〔그림〕과 같이 (a), (b), (c), (d) 각 각도에서 조사해 보자. 〔그림 (a)〕의 코일 위치를 각도 0°로 하고 이것을 기준으로 한다.

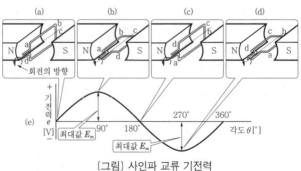

〔그림〕 사인파 교류 기전력

〔그림 (a)〕에서 코일의 변 a-b와 변 c-d는 N극에서 S극으로 생기고 있는 자속을 차단하지 않으므로 기전력 e[V]는 0이다.

〔그림 (b)〕에서는 코일의 각 변의 자속을 가장 많이 차단하기 때문에 발생하는 기전력은 최대가 된다. 이 값을 교류 기전력의 최대값이라 하고 기호는 E_m을 사용한다. 이때의 코일 각도는 90°이다.

또한, 코일이 회전해서 〔그림 (c)〕의 위치에서는 코일의 변 a-b와 변 c-d는 〔그림 (a)〕와 반대가 되지만 코일변은 자속을 차단하지 않으므로 기전력은 0이다. 이때의 코일 각도는 180°이다.

〔그림 (d)〕는 코일 각도가 270°, 이 위치에서는 코일변이 가장 많이 자속을 차단하므로 발생하는 기전력은 최대가 된다. 단, 기전력의 방향은 〔그림 (b)〕와 반대 방향이다.

이상의 현상을 기초로 하여 세로축에 기전력, 가로축에 각도를 잡아 그래프로 나타낸 것이 〔그림 (e)〕이다.

세로축의 +와 −는 기전력의 방향이다. 가로축의 각도는 시간이라 해도 되고 시간축이라 하기도 한다.

가정이나 공장 등에서 일반적으로 사용되고 있는 교류 전압은 〔그림 (e)〕와 같은 전압 파형이며, 이것을 사인파 교류 전압이라 한다.

사인파 교류 전압 v[V]는 그 최대값을 V_m[V]라고 하면 다음 식으로 구할 수 있다.

$$v = V_m \sin \theta \, [\text{V}]$$

기전력의 경우는 e, E_m, 전압의 경우는 v, V_m을 사용한다.

교류 전압이 사인파라는 파형으로 나타난다. 교류 전압을 저항에 가하면 역시 사인파형의 전류, 즉 교류가 흐른다. 교류나 교류 전압을 수식으로 나타내는 경우, 필요한 요소의 하나로 주파수가 있다.

〔그림〕은 1[sec] 동안에 사인파형이 8사이클 존재하는 교류 전압을 나타내고 있다. 1사이클이란 +의 반파와 −의 반파 1쌍으로 구성되는 파형이다. 1초간에 반복되는 사이클수를 주파수라 한다. 이 〔그림〕의 경우 1초간에 8사이클이므로 주파수는 8[Hz](헤르츠)이다.

이와 같이 주파수 단위에는 [Hz]가 사용된다. 또, 1사이클에 필요한 시간을 주기라 하며 단위는 초[sec]이다. 그림의 경우 1사이클의 시간은 $\frac{1}{8}$[sec], 즉 주기는 0.125[sec]가 된다. 지금, 주파수를 f[Hz], 주기를 T[sec]라 하면 주파수와 주기 간에는

$$f = \frac{1}{T} [\text{Hz}] \text{ 또는 } T = \frac{1}{f} [\text{sec}]$$

의 관계가 있다.

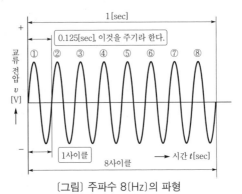

〔그림〕 주파수 8〔Hz〕의 파형

각도의 단위에는 도[°] 이외에 라디안[rad]이 있다. 전기 회로 계산에는 [rad]이 많이 사용된다. 라디안으로 각도를 나타내는 방법을 호도법(弧度法)이라 한다.

호도법이란 한마디로 말하면 호의 길이가 반지름의 몇 배인지 그 각도를 나타내는 방법이다.

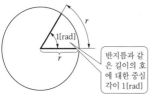

〔표〕도와 라디안의 관계

도	0	30°	45°	60°	90°	120°	180°	270°	360°
라디안 [rad]	0	$\frac{\pi}{6}$	$\frac{\pi}{4}$	$\frac{\pi}{3}$	$\frac{\pi}{2}$	$\frac{2\pi}{3}$	π	$\frac{3\pi}{3}$	2π
	0	0.524	0.785	1.05	1.57	2.09	3.14	4.71	6.28

반지름과 같은 길이의 호에 대한 중심각이 1[rad]

회로이론

그림에 나타내듯이 반지름 r과 동일한 길이의 원호를 측정하고 이 원호에 대한 중심각을 1[rad]로 한다. 원주는 $2\pi r$로 표시되므로 전체의 각은 2π[rad]이고 360°는 2π[rad]이다. 동일하게 180°는 π[rad]이 된다.

표에 도와 라디안의 관계를 나타내었다.

$$360° = 2\pi \text{[rad]}$$

이므로 1[rad]≒57.3°이다.

교류 계산에서는 이 라디안에 익숙해져야 한다.

아래 〔그림〕과 같이 1사이클이 종료되면 2π[rad] 진행하고 2사이클에 2π $\times 2=4\pi$[rad], f사이클에 $2\pi \times f=2\pi f$[rad] 진행된다.

따라서, 주파수가 f[Hz]인 경우 1초간에 $2\pi f$[rad] 진행된다. 이 값 $2\pi f$를 ω(오메가)로 표시하며 이것을 각주파수라 한다.

$$\omega=2\pi f[\text{rad}]$$

이 ω는 1초 동안에 변화하는(진행하는) 각도이므로 t[sec] 동안에 변화하는 각도는 $\omega t=2\pi ft$[rad]이 된다.

앞에서 사인파 교류 전압 v의 식을 $v=V_m\sin\theta$[V]로 표시했는데, 이 식의 θ가 ωt가 되므로 v의 식은 다음과 같다.

$$v=V_m\sin\theta =V_m\sin\omega t$$
$$=V_m\sin 2\pi ft[\text{V}]$$

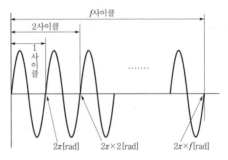

단상 교류로부터 직류를 얻는 데 정류 회로가 사용된다.

반파 정류 회로	전파 정류 회로
반파분은 전류가 흐르지 않으므로 맥동이 크다.	전파에 걸쳐서 정류하므로 맥동은 작아진다.

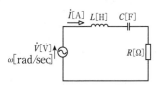

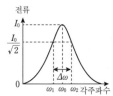

회로의 임피던스가 $\dot{Z}=R+j\left(\omega L-\dfrac{1}{\omega C}\right)$ [Ω]이고, 직렬 공진일 때는 허수부가 $\left(\omega L-\dfrac{1}{\omega C}=0\right)$이 된다.

직렬 공진 시 각주파수는 $\omega_0=2\pi f_0=\dfrac{1}{\sqrt{LC}}$ [rad/sec]가 되고, 직렬 공진 시 회로의 전류는 최대로 $I_0=\dfrac{V}{R}$ [A]가 된다.

그림 중 ω_1과 ω_2는 전류 크기가 I_0의 $\dfrac{1}{\sqrt{2}}$이 되는 각주파수이고, $\Delta\omega=\omega_2-\omega_1$을 반치폭이라고 한다.

회로의 어드미턴스가 $\dot{Y} = \dfrac{1}{R} + j\left(\omega C - \dfrac{1}{\omega L}\right)$[S]이고, 병렬 공진일 때는 허수부가 $\left(\omega C - \dfrac{1}{\omega L} = 0\right)$이 된다.

병렬 공진 시 각주파수는 $\omega_0 = 2\pi f_0 = \dfrac{1}{\sqrt{LC}}$[rad/sec]

병렬 공진 시 회로의 전류는 최소로 $I_0 = \dfrac{V}{R}$[A]가 된다.

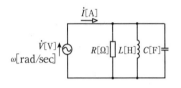 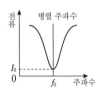

 용어 09 가동 코일형 계기

고정된 영구 자석 N, S에 의한 자계와 그 자계 속에 놓인 가동 코일에 흐르는 전류 사이에 생기는 전자력에 의해 토크가 발생한다.

코일에 직결된 지침이 전류 크기에 비례해서 회전하고, 용수철의 제어 토크 힘과 균형을 이룬다. 직류 전용 계기이고 평균값을 나타낸다.

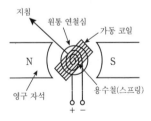

고정 코일 안쪽에 고정 철편과 마주 보게 가동 철편을 회전축에 장착한 구조의 계기이다. 고정 코일에 측정 전류가 흐르면 코일 안쪽에 자계가 발생하고 고정 철편과 가동 철편의 상·하단은 같은 극성으로 자화된다. 이 때문에 철편간에는 반발력이 발생하고, 전류의 제곱에 비례하는 구동 토크가 일어난다. 교류 전용 계기이고 실효값을 나타낸다.

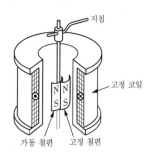

교류를 다이오드를 이용해 정류하여 직류로 변환하고, 이를 가동 코일형 계기로 측정한다. 가동 코일형 계기는 정류 전류의 평균값을 나타내지만 정현파(기본파)의 파형률은 약 1.11이므로, 평균값 눈금을 약 1.11배하여 실효값으로 한다. 이 때문에 측정하는 교류의 파형이 정현파가 아닐 때는 지시값에 오차가 생긴다.

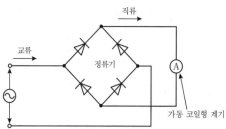

회로이론

지시 전기 계기로 직접 측정할 수 있는 전압과 전류의 범위는 제한된다. 높은 전압이나 큰 전류를 측정할 경우는 표와 같은 부속 기구를 이용한다.

고전압 측정	직류	저항 배율기, 저항 분압기, 직류 계기용 변성기
	상용 주파수	저항 배율기, 저항 분압기, 용량 분압기, 계기용 변압기(VT)
	고주파	저항 분압기, 용량 분압기
대전류 측정	직류	4단자형 분류기, 직류 변류기
	상용 주파수	4단자형 교류 분류기, 변류기(CT)
	고주파	교류 분류기, 변류기

디지털 계기는 아날로그 측정량을 A/D 변환(아날로그/디지털 변환)해서 10진수로 표시하는 계기이다.

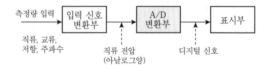

아날로그 계기와 비교한 특징은 다음과 같다.

① 측정 데이터의 전송이나 연산이 쉽고, PC 등과 인터페이스를 매개해 접속할 수 있다.

② 10진수로 표시되므로 읽기 오차나 개인차가 없다.

③ 고정밀도 측정과 표시를 할 수 있다.

④ 디지털 멀티미터를 이용하면 여러 항목(전압, 전류, 저항 등)을 1대로 측정할 수 있다.

⑤ 지침을 움직이는 구동력이 필요 없고, A/D 변환기의 변환 시간이 수[ms] 정도 짧기 때문에 표시 시간이 빠르다.

용어 14 ▶ 계기 상수

유도형 전력량계에서는 1[kW·h] 또는 1[kVar·h]를 계량하는 동안 계기의 원판이 몇 회전하는지 나타낸다. 단위로는 [rev/(kW·h)], [rev/(kVar·h)]를 이용한다.

전자식 계기에서는 1[kW·s] 또는 1[kVar·s]를 계량하는 동안의 계기의 계량 펄스수를 나타낸다.

단위로는 [pulse/(kW·s)], [pulse/(kVar·s)]를 이용한다.

용어 15 ▶ 오실로스코프

앞쪽 수직 편향판과 수평 편향판 2조의 편향판에 가하는 전압을 조절해, 브라운관의 전자총에서 나오는 전자빔의 진로를 수직·수평 방향으로 굴절시켜 형광면에 충돌시킨다.

이 충돌에 의해 형광 물질이 발광하고, 휘점의 궤적으로써 파형이 그려진다. 수평 방향으로 시간 경과에 비례해 변화하는 톱니파 전압을 가하고 수직 방향으로 관측할 정현파 전압을 가하면, 신호 전압의 시간적 변화를 파형으로서 관측할 수 있다.

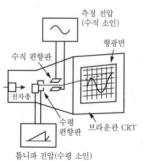

〔그림 1〕에 3상 교류 발전기의 원리도를 나타내었다. 3개가 같은 형인 코일을 자계 속에 놓고 이것을 회전시키면 각각의 코일에 기전력이 발생한다. 이 3개의 기전력을 e_a, e_b, e_c로 하고 파형을 그리면 〔그림 2〕와 같다.

각각의 기전력은 120°씩 위상이 엇갈리는데 코일 ⓐ, ⓑ, ⓒ가 120°씩 엇갈려서 조합되고 있기 때문이다. 〔그림 2〕와 같은 위상 관계에 있는 3개의 기전력을 대칭 3상 교류 기전력 또는 3상 교류 기전력이라 하며 이러한 기전력을 만드는 전원을 3상 교류 전원이라 한다.

또한, 3상 교류 기전력 e_a, e_b, e_c에 의해 발생하는 전압을 상전압이라 하며 $e_a \rightarrow e_b \rightarrow e_c$의 순으로 파형이 변화하는 순서를 상순이라 한다.

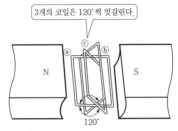

〔그림 1〕 3상 교류 발전기의 원리

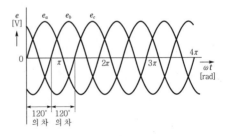

〔그림 2〕 3상 교류 기전력

3상 교류 기전력 e_a, e_b, e_c를 수식으로 나타내는 방법에는 순시값 표시, 극좌표 표시, 직각 좌표 표시가 있다. 순시값은 다음과 같은 식으로 표시된다.

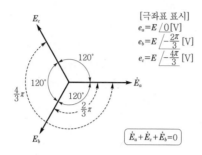

[극좌표 표시]

$e_a = E \underline{/0}$[V]

$e_b = E \underline{/-\dfrac{2\pi}{3}}$[V]

$e_c = E \underline{/-\dfrac{4\pi}{3}}$[V]

$$\dot{E}_a + \dot{E}_c + \dot{E}_b = 0$$

〔그림〕 3상 교류 기전력의 벡터

$$e_a = \sqrt{2}E\sin\omega t[\text{V}]$$

$$e_b = \sqrt{2}E\sin\left(\omega t - \frac{2}{3}\pi\right)[\text{V}]$$

$$e_c = \sqrt{2}E\sin\left(\omega t - \frac{4}{3}\pi\right)[\text{V}]$$

이상에서 e_a, e_b, e_c를 벡터 $\dot{E}_a$, $\dot{E}_b$, $\dot{E}_c$로 표현하면 위 〔그림〕의 벡터도가 된다.

회로이론

3상 교류를 합성하면 0이 된다. 이러한 성질은 3상 교류를 다루는데 대단히 중요한 의미를 가진다. 즉, 3상 교류 전원과 3개의 부하를 접속할 때 그 결선의 하나를 생략할 수 있다.

여기서는 아래 〔그림〕을 가지고 조사하기로 한다. 〔그림 (a)〕의 파형 ⓐ, ⓑ, ⓒ는 각각 위상이 120°씩 엇갈리고 있다. 먼저 파형 ⓐ와 ⓑ를 합성(〔그림〕의 위에서 +측과 −측의 높이 차만큼 작성한다)하면 ⓓ가 얻어진다〔그림 (b)〕.

다음에 ⓓ와 ⓒ를 비교하면 2개의 파형은 180°씩 엇갈리고 있으므로 +측과 −측은 면적이 같게 되어 합성하면 0이 된다. 즉, 3상 교류 ⓐ, ⓑ, ⓒ를 합성하면 0이 된다.

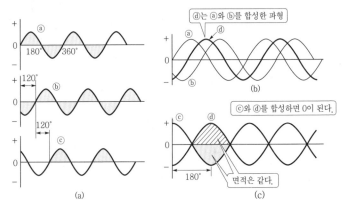

〔그림〕 3상 교류를 합성하면 0이 된다.

176

전기 회로에서 저항을 $R[\Omega]$, 정전 용량을 $C[F]$, 인덕턴스를 $L[H]$이라고 하면 시상수를 다음과 같이 나타낼 수 있다.

RL 직렬 회로의 시상수 $T = \dfrac{L}{R}[s]$

RC 직렬 회로의 시상수 $T = RC[s]$

시상수 T는 전류 또는 전압(상승의 경우)이 정상값의 63.2[%]가 되기까지의 시간을 가리키고, 시상수가 크면(길면) 회로의 응답이 느리고, 반대로 작으면(짧으면) 회로의 응답이 빠르다.

참고 시상수의 단위가 [s]가 된다는 사실의 증명

$\dfrac{L}{R} = [V \cdot s / A] / [V/A] = [s]$

$RC = [C/V] \cdot [V/A] = [C]/[C/s] = [s]$

회로이론

memo

05
제어공학

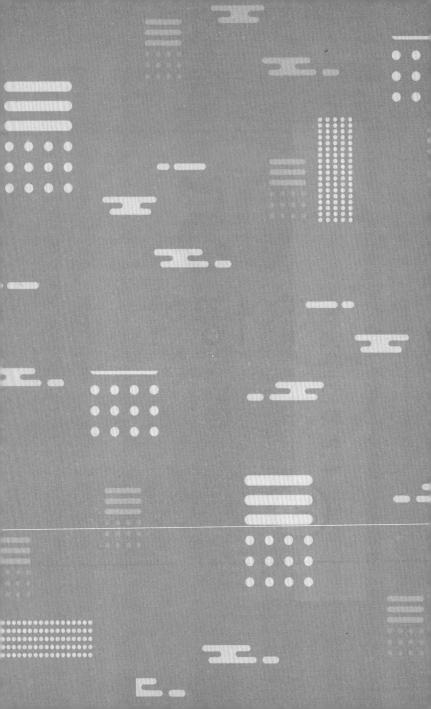

I

필수 공식 해설

(1) 직렬

(2) 병렬

(3) 피드백

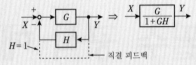

여기서, G : 전향 전달 함수, H : 피드백 전달 함수
GH : 일순(개방 루프) 전달 함수

학습 POINT

① **주파수 전달 함수** : 정현파 입력 신호 $E_i(j\omega)$를 넣었을 때 정상 상태의 출력 신호 $E_o(j\omega)$와의 비를 말한다.

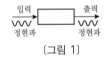

〔그림 1〕

$$G(j\omega) = \frac{E_o(j\omega)}{E_i(j\omega)}$$

② **전달 함수** : 모든 초기값을 0으로 했을 때 출력 신호 $y(t)$의 라플라스 변환 $Y(s)$와 입력 신호 $x(t)$의 라플라스 변환 $X(s)$와의 비를 말한다.

$$G(s) = \frac{\text{출력 신호 } y(t)\text{의 라플라스 변환}}{\text{입력 신호 } x(t)\text{의 라플라스 변환}} = \frac{Y(s)}{X(s)}$$

③ **피드백 제어와 피드포워드 제어** :
〔그림 2〕의 피드백 제어는 제어량과 목표값의 차를 없애는 정정 제어로, 외란에 대한 제어가 지연된다. 피드포워드는 외란에 대해 곧바로 수정 동작할 수 있다.

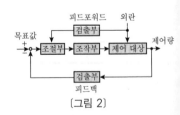

〔그림 2〕

(1) 1차 지연 요소 $G(s) = \dfrac{K}{1+sT}$

(2) 2차 지연 요소 $G(s) = \dfrac{\omega_n{}^2}{s^2 + 2\zeta\omega_n s + \omega_n{}^2}$

여기서, T : 시상수[sec], K : 이득(gain), ζ : 감쇠 계수

ω_n : 고유 각주파수[rad/sec]

학습 POINT

① 피드백 제어의 기본 구성 : 기본 구성은 〔그림 1〕과 같다.

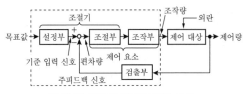

〔그림 1〕 피드백 제어의 기본 구성

㉠ 편차량은 기준 입력과 검출 신호의 차이다.

㉡ 수정 동작으로서 편차량이 조절부, 조작부를 거쳐 제어 대상에 가해진다.

② 스텝 응답 : 입력 신호에 단위 스텝 함수 $\left(\dfrac{1}{s}\right)$를 더한 응답이 스텝 응답으로, 〔그림 2〕처럼 된다.

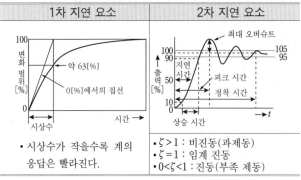

1차 지연 요소	2차 지연 요소
약 63[%] 0[%]에서의 접선	최대 오버슈트
• 시상수가 작을수록 계의 응답은 빨라진다.	• $\zeta > 1$: 비진동(과제동) • $\zeta = 1$: 임계 진동 • $0 < \zeta < 1$: 진동(부족 제동)

〔그림 2〕 스텝 응답

제어공학

183

(1) 반전 증폭기

$$\frac{V_o}{V_i} = -\frac{R_f}{R_1}$$

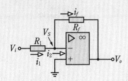

(2) 비반전 증폭기

$$\frac{V_o}{V_i} = 1 + \frac{R_f}{R_1}$$

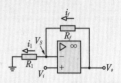

여기서, V_i, V_o : 입력, 출력 전압[V], R_1, R_f : 저항[Ω]

학습 POINT

① 오피 앰프의 특징 : 입력 단자 2개와 출력 단자
가 1개 있고, 다음과 같은 특징이 있다.

 ㉠ 입력 임피던스가 매우 크다(≒∞[Ω]).

 ㉡ 출력 임피던스가 작다(≒0[Ω]).

 ㉢ 증폭도가 매우 크다(≒∞).

〔그림〕 오피 앰프의 그림 기호

② 오피 앰프의 이용 : 오피 앰프와 저항, 콘덴서 등을 조합하면 증폭, 가감
산, 미·적분 회로 등을 만들 수 있다.

③ 반전 증폭기 : 증폭도가 매우 크므로, 가상 단락(imaginary short)의 원리
에 의해 비반전 입력과 반전 입력의 전위가 같다고 간주할 수 있다. 따라
서, $V_s=0$[V]이므로 $i_1=i_f$가 되어 다음과 같은 관계가 성립한다.

$$\frac{V_i-0}{R_1} = \frac{0-V_o}{R_f}$$

$$\therefore \frac{V_o}{V_i} = -\frac{R_f}{R_1}$$

④ 비반전 증폭기 : 입력 임피던스가 매우 크므로, 반전 입력 단자와 비반전
입력 단자 사이에 전류는 흐르지 않고, $V_s=V_i$이고 $i_1=i_f$이므로 다음과 같
은 관계가 성립된다.

$$\frac{V_o-V_i}{R_f} = \frac{V_i-0}{R_1}$$

$$\therefore \frac{V_o}{V_i} = 1 + \frac{R_f}{R_1}$$

(1) 나이키스트 선도에 의한 안정 판정

① $(-1, j0)$을 왼쪽으로 보고 진행한다.=안정
② $(-1, j0)$을 오른쪽으로 보고 진행한다.=불안정
③ $(-1, j0)$을 통과한다.=안정 한계

(2) 보드 선도에 의한 안정 판정

① 이득 특성이 0[dB]로 교차하는 점에서 동일한 ω에 대한 위상 Φ가 $-180°$까지라면 안정, 넘어가면 불안정
② 위상 특성과 $-180°$인 선과의 교점에서 동일한 ω에 대한 이득의 [dB]값이 음수이면 안정, 양수이면 불안정

여기서, ω : 각주파수[rad/sec]

학습 POINT

① 나이키스트 선도 : 복소 평면상에 개루프 주파수 전달 함수 $G(j\omega)$, $H(j\omega)$에 대해서 각주파수 ω를 0~∞으로 변화시켰을 때 궤적을 선으로 연결한 것이다〔그림 1〕. 나이키스트 선도에서는 $(-1, j0)$ 점이 중요하다.

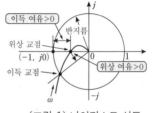

〔그림 1〕 나이키스트 선도

② 보드 선도 : 가로축에 각주파수 ω의 로그를, 세로축에 이득 g[dB]와 위상 $\Phi[°]$를 취하고, 주파수 전달 함수의 이득 곡선과 위상 곡선을 나타낸 것이다〔그림 2〕. 이득 곡선은 이득, 위상 곡선은 위상 계산이 각각 필요하며, 아래 식으로 계산한다.

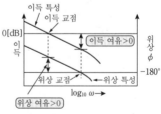

〔그림 2〕 보드 선도

이득 $g = 20\log_{10}|G(j\omega)|$[dB]
위상 $\Phi = \angle G(j\omega)$ [°]

제어공학

185

(1) 10진법과 n진법

10진수	2진수	16진수
0	0	0
1	1	1
2	10	2
3	11	3
4	100	4
5	101	5
6	110	6
7	111	7
8	1000	8
9	1001	9
10	1010	A
11	1011	B
12	1100	C
13	1101	D
14	1110	E
15	1111	F

(2) 10진수를 2진수로 변환

```
       10진수    나머지
    2) 109  … 1
    2)  54  … 0
    2)  27  … 1
    2)  13  … 1
    2)   6  … 0
    2)   3  … 1
          1
```

아래부터 순서대로 나열하면
1101101이 된다.

학습 POINT

① 2진수를 10진수로 변환 : 2진수의 각 자리는 2^{n-1}로 표현되며, 1과 0은 가중값을 나타낸다.

$$2진수 \boxed{1101} = 10진수 \ \boxed{1 \times 2^3} + \boxed{1 \times 2^2} + \boxed{0 \times 2^1} + \boxed{1 \times 2^0}$$
$$= 8 + 4 + 0 + 1 = \boxed{13}$$

② 10진수를 16진수로 변환

```
       10진수    나머지
   16 )827685  … 5
   16 )51730   … 2
   16 )3233    … 1
   16 )202     … 10
         12
```
아래부터 순서대로 나열하면
CA125가 된다.

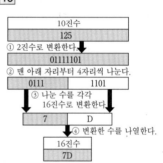

③ 2진수간의 4칙연산 규칙

㉠ 덧셈 → $0+0=0$, $1+0=0+1=1$
　　　　　$1+1=10$ (자리 올림 발생)

㉡ 뺄셈 → $0-0=0$, $1-0=1$, $1-1=0$, $0-1=1$
　　　　　(상위 자리에서 1을 빌려서 $10-1=1$)

㉢ 곱셈 → $0 \times 0 = 0$, $0 \times 1 = 1 \times 0 = 0$, $1 \times 1 = 1$

㉣ 나눗셈 → $0 \div 0 =$ 부정, $0 \div 1 = 0$, $1 \div 0 =$ 부정, $1 \div 1 = 1$

〔표〕 논리 회로의 종료(MIL 기호 표시)

AND 논리곱				OR 논리합				NOT 논리 부정			
	A	B	Y		A	B	Y			A	Y
A⊐D–Y	0	0	0	A⊐D–Y	0	0	0	A–▷o–Y		0	1
B	0	1	0	B	0	1	1			1	0
	1	0	0		1	0	1				
$Y = A \cdot B$	1	1	1	$Y = A + B$	1	1	1	$Y = \overline{A}$			

NAND 부정 논리곱				NOR 부정 논리합				ExOR 배타적 논리합			
	A	B	Y		A	B	Y			A	B	Y
A⊐Do–Y	0	0	1	A⊐Do–Y	0	0	1	A⊐D–Y		0	0	0
B	0	1	1	B	0	1	0	B		1	0	1
	1	0	1		1	0	0	$Y = A \oplus B =$		0	1	1
$Y = \overline{A \cdot B}$	1	1	0	$Y = \overline{A + B}$	1	1	0	$A \cdot \overline{B} + \overline{A} \cdot B$		1	1	0

학습 POINT

① **논리 회로** : 논리 회로란 컴퓨터 등의 디지털 신호를 다루는 기기에서 논리 연산을 하는 전자 회로를 말하고, 주로 IC에 집적된 논리 소자를 이용한다.

② **논리 회로의 기본형**

ㄱ AND 회로 : 입력이 모두 1일 때만 출력이 1이 된다.

ㄴ OR 회로 : 입력이 적어도 하나가 1이 되면 출력이 1이 된다.

ㄷ NOT 회로 : 입력이 1일 때는 출력이 0, 입력이 0일 때는 출력이 1이 된다.

ㄹ ExOR 회로 : 입력이 다를 때는 출력이 1, 입력이 같을 때는 출력이 0이 된다. ExOR은 Exclusive OR(배타적 논리합)의 줄임말이다.

③ **불 대수** : 불 대수는 AND를 •기호, OR을 +기호, NOT을 −기호, ExOR을 ⊕ 기호로 나타낸다.

④ **진리값표** : 모든 입·출력 결과를 표로 나타낸 것이다(1과 0으로 표현).

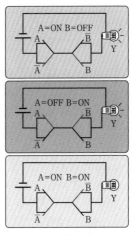

〔그림〕 ExOR 회로의 이용

제어공학

(1) 원식

$Z=\overline{A}\cdot B\cdot\overline{C}\cdot\overline{D}+B\cdot\overline{C}\cdot D+A\cdot\overline{B}\cdot C\cdot D+A\cdot C\cdot D+B\cdot C\cdot D$ 〈변환예〉

(2) 간소화식

$Z=\overline{A}\cdot B\cdot\overline{C}+A\cdot C\cdot D+B\cdot D$

학습 POINT

① 카르노 맵은 불대수 연산 법칙을 이용하지 않고, 논리식을 적은 작업으로 간소화하는 방법이다.

② 카르노 맵 작성법

㉠ Step 1 : 논리 변수가 4개(A, B, C, D)라면, 각 값의 조합은 $2^4=16$가지이다. 이 조합을 나타내는 〔표 1〕을 만든다.

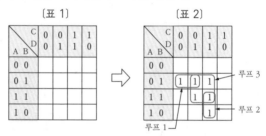

〔표 1〕　　　　　　〔표 2〕

㉡ Step 2 : $Z=\overline{A}\cdot B\cdot\overline{C}\cdot\overline{D}+B\cdot\overline{C}\cdot D+A\cdot\overline{B}\cdot C\cdot D+A\cdot C\cdot D+B\cdot C\cdot D$

위의 우변 각 항이 1이 되는 것은 제1항에서는 (0, 1, 0, 0)인 경우, 제2항에서는 A항이 없으므로 0이든 1이든 상관없이 (0, 1, 0, 1)과 (1, 1, 0, 1)인 경우, 제3항은 (1, 0, 1, 1), 제4항은 (1, 0, 1, 1)과 (1, 1, 1, 1), 제5항은 (0, 1, 1, 1)과 (1, 1, 1, 1)인 경우이다. 이 조합을 기입해 〔표 2〕를 만든다.

㉢ Step 3 : 〔표 2〕의 모든 1을 가능한 한 적은 수의 루프로 묶어준다. 감싸는 셀 수는 2^n으로 하고, 같은 셀을 2개 이상의 루프에서 공유해도 된다. 〔표 2〕에서는 3개의 루프로 묶여 있다.

㉣ Step 4 : 3개의 루프에서 공통 변수를 추출해 논리곱을 만들고, 논리곱의 논리합을 취한다.

$Z=\overline{A}\cdot B\cdot\overline{C}+A\cdot C\cdot D+B\cdot D$

(1) RS 플립플롭

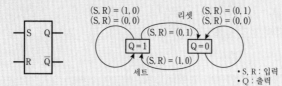

① S(Set) 단자에 1이 들어오면 Q=1을 출력
② R(Reset) 단자에 1이 들어오면 Q=0을 출력
③ S=R=0이 입력되면 출력 상태를 유지

(2) JK 플립플롭

CK(클록 신호)의 상승으로 동작한다.

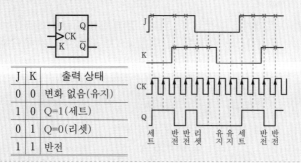

J	K	출력 상태
0	0	변화 없음(유지)
1	0	Q=1(세트)
0	1	Q=0(리셋)
1	1	반전

제어공학

🏠 **학습 POINT**

① 플립플롭 회로 : 순서 회로라고도 불리며, 2개의 안정점이 있고 입력 신호 내용에 따라 어느 쪽 안정점을 취하는지 결정하는 기억 회로이다. 입력 단자는 하나 또는 그 이상이며, 출력은 2개가 있다.

② 플립플롭(FF) 회로의 종류 : 입력 제어 방법에 따라 RS(리셋·세트) FF, JK FF, T(토글) FF, D(딜레이) FF 등이 있다.

(1) 트랜지스터의 전류(이미터 접지 증폭 회로의 경우)

$$I_E = I_B + I_C\,[\text{A}], \quad I_C = \beta I_B\,[\text{A}]$$

(2) FET의 전압 증폭도

$$A_v = \frac{v_o}{v_i} \fallingdotseq g_m R_L$$

여기서, I_E : 이미터 전류[A], I_B : 베이스 전류[A]

I_C : 콜렉터 전류[A], β : 이미터 접지 전류 증폭률

v_i : 입력 전압[V], v_o : 출력 전압[V]

g_m : 상호 컨덕턴스[S], R_L : 부하 저항[Ω]

학습 POINT

바이폴라 트랜지스터(트랜지스터)는 입력 전류로 출력 전류를 제어하고, 전계 효과 트랜지스터(FET)는 입력 전압으로 출력 전압을 제어하는 소자이다.

〔표〕 트랜지스터와 MOSFET*)의 종류

트랜지스터 (전류 제어 디바이스) (C) (B) 베이스 전류가 흐른다. (E)	npn형	pnp형
	콜렉터 (C) 베이스 (B) 이미터 (E)	콜렉터 (C) 베이스 (B) 이미터 (E)
	이미터 전류 $I_E = I_B + I_C\,[\text{A}]$	
MOSFET (전압 제어 디바이스) 연결되지 않았다 (절연되어 있다). (D) (G) 게이트에 전류는 흐르지 않는다. (S)	n채널 FET (npn 구조)	p채널 FET (pnp 구조)
	드레인 (D) 게이트 (G) 소스 (S)	드레인 (D) 게이트 (G) 소스 (S)
	드레인 저항 $r_d \gg$ 부하 저항 R_L 출력 전압 $v_o \fallingdotseq g_m v_i R_L\,[\text{V}]$	

*MOSFET : 금속 산화막형 반도체(MOS) 전계 효과 트랜지스터의 줄임말

II

필수 용어 해설

  기억 소자를 크게 나누면, 읽고 쓸 수 있는 RAM(Random Access Memory)과 읽기 전용인 ROM(Read Only Memory)이 있다. RAM과 ROM은 아래 그림과 같은 관계로 되어 있다.

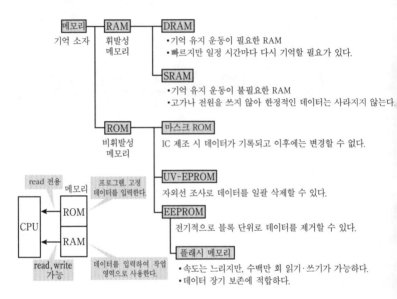

아날로그 신호를 디지털 신호로 변환함으로써 디지털화의 기본은 표본화 (샘플링) → 양자화 → 부호화라는 3가지 과정으로 구성된다.

① **표본화(샘플링)** : 아날로그 신호를 일정 간격(샘플링 간격)마다 표본화한다.

② **양자화** : 연속값인 원신호의 진폭값을 정수로 변환한다.

③ **부호화** : 양자화된 진폭값을 2진수 (1, 0) 등의 표현으로 변환해 전송로로 전송한다.

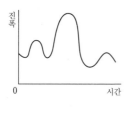

〔그림 1〕 아날로그 신호

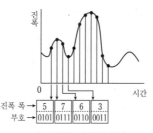

〔그림 2〕 디지털 신호

목표값 변화에 대한 추종 제어로, 그 과도 특성이 양호할 것이 요구된다. 서보 기구는 방위, 위치, 자세 등 기계적 위치를 자동으로 제어하는 것을 말한다.

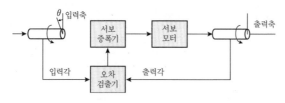

제어공학

193

목표값이 일정한 정가 제어가 일반적으로, 외란에 대한 제어 효과를 중시하는 경우가 많다. 프로세스 제어에서도 비율 제어나 프로그램 제어처럼 목표값에 대한 추치 제어(variable valve control)가 있지만, 과도 특성에 대한 요구는 서보 기구만큼 엄격하지 않다.

 용어 05 자기 유지 회로

자기 유지 회로는 누름 버튼 스위치와 전자 릴레이를 이용해 동작을 온 상태로 유지하기 위한 회로이다.

① 누름 버튼 스위치 B를 누른다.

② 전자 릴레이 R이 동작해 접점 R_{-m1}이 닫힌다.

③ 이로써 누름 버튼 스위치 B를 누르지 않아도 접점 R_{-m1}이 유지된다.

④ 누름 버튼 스위치 A가 눌리면 접점 R_{-m1}이 열리고, 원래 상태로 복귀한다.

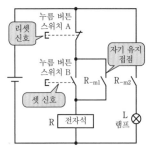

 용어 06 피드백 제어

기본 구성은 아래 〔그림〕과 같다.

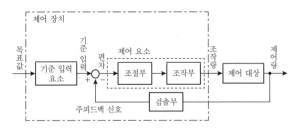

피드백 제어는 제어 대상의 상태(결과)를 검출부에서 검출하고, 이 값을 목표값과 비교해 편차가 있으면 정정 동작을 연속적으로 하는 제어 방식이다.

용어 07 ▶ PID 제어

PID 제어는 P(비례) 동작, I(적분) 동작, D(미분) 동작 세 가지를 조합한 것으로, 프로세스 제어에 이용한다.

① P 동작 : 입력 신호에 비례하는 출력을 낸다.

② I 동작 : 입력 신호를 경과 시간으로 적분한 양에 비례하는 크기를 출력한다.

③ D 동작 : 입력 신호의 크기가 변화하고 있을 때 그 변화율에 비례한 크기를 출력한다.

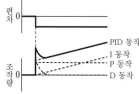

용어 08 ▶ 미분 회로와 적분 회로

미분 회로는 입력 신호의 시간 미분(변화, 기울기)을 출력하는 회로로, CR 회로는 미분 회로이다. 적분 회로는 입력 신호의 시간 적분(면적)을 출력하는 회로로, RC 회로는 적분 회로이다.

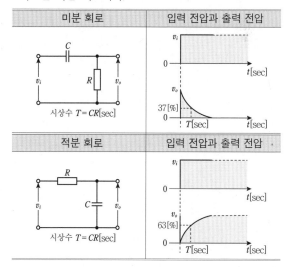

195

프로세스의 과도 응답을 조사하는 데 이용한다. 입력에 단위 계단 신호 (0→1로 상승이 가파른 펄스)를 더했을 때 출력 파형이 계단 응답 파형이다. 대표적인 응답 파형의 예는 아래 그림과 같다.

입력(계단 신호)	요소	출력 파형
	미분 요소 Ds	
	적분 요소 $\dfrac{1}{Cs}$	
	1차 지연 요소 $\dfrac{K}{1+Ts}$	
	2차 지연 요소 $\dfrac{\omega_n^2}{s^2+2\zeta\omega_n s+\omega_n^2}$	

196

용어 10 > 이득(gain) 여유와 위상 여유

① 이득 여유 : 일순 주파수 전달 함수의 위상이 -180°가 될 때 각주파수에서 이득이 0[dB]이 되기까지의 양의 여유를 나타낸다.

② 위상 여유 : 일순 주파수 전달 함수의 이득이 0[dB]이 될 때 각주파수에서 위상이 -180°가 되기까지의 여유를 나타낸다.

이를 나이키스트 선도와 보드 선도로 나타내면 다음과 같다.

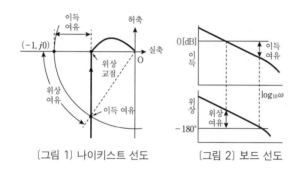

〔그림 1〕 나이키스트 선도 〔그림 2〕 보드 선도

용어 11 > 드 모르간의 정리

AND(·) 연산으로 표현된 식과 OR(+) 연산으로 표현된 식을 서로 변환하는 방법을 나타낸 법칙으로, 다음과 같다. 여기서, (−)은 NOT 연산을 나타낸다.

① AND 연산에서 OR 연산으로 변환

$\overline{A \cdot B} = \overline{A} + \overline{B}$ ·········· 부논리에서의 AND 연산
$\qquad\qquad\qquad$ =OR 연산 결과의 부논리

② OR 연산에서 AND 연산으로 변환

$\overline{A + B} = \overline{A} \cdot \overline{B}$ ·········· 부논리에서의 OR 연산
$\qquad\qquad\qquad$ =AND 연산 결과의 부논리

실리콘은 4가의 진성 반도체이지만, 5가의 불순물(도너)인 P(인), Sb(안티몬), As(비소)를 미량 혼입하면, 전자가 하나 남아 자유전자가 되고 전기 유전에 기여한다. 이런 반도체를 n형 반도체라고 한다.

반면에, 3가의 불순물인 In(인듐), Ga(갈륨), B(붕소)를 미량 혼입하면, 전자가 하나 부족해져 이 틈을 노려 주변의 전자가 이동한다. 마치 양전하를 가진 전자(정공)가 움직이는 것 같은 효과로 전기 유전에 기여한다. 이를 P형 반도체라고 한다.

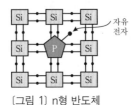

〔그림 1〕 n형 반도체

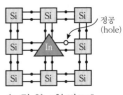

〔그림 2〕 p형 반도체

 용어 13 ▶ 애노드와 캐소드

애노드와 캐소드는 반대 작용을 하는 전극이다. 캐소드는 외부 회로로 전류가 나가는 전극이고, 애노드는 외부 회로에서 전자가 들어오는 전극이라고 할 수 있다.

캐소드는 진공관이나 전기 분해에서는 음극, 전지에서는 양극을 가리킨다. 전기 분해나 전지에서 캐소드는 환원 반응을 일으킨다.

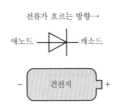

① FET는 G(게이트), S(소스), D(드레인) 3개의 단자가 있는 전압 제어 소자이다.
② 동작에 기여하는 캐리어가 하나(전자 또는 정공)이므로 유니폴라형 트랜지스터라고 불린다.
③ 캐리어의 통로를 채널이라고 하고, 전류의 통로가 되는 반도체가 n형 반도체인 n채널형과 전류의 통로가 p형 반도체인 p채널형의 2가지가 있다.
④ FET는 구조 및 제어의 차이에 따라 접합형과 MOS형(MOS : 금속 산화막형 반도체)으로 분류된다.
⑤ MOS형에는 게이트 전압과 드레인 전류 특성의 차이에서 디플리션(결핍)형과 인핸스먼트(증가)형이 있다.

〔표〕 FET에 사용되는 기호

구분		n채널	p채널
접합형 FET		G→ ⊣|D ⊣|S	G← ⊣|D ⊣|S
MOSFET	인핸스먼트형	G⊣|D |S	G⊣|D |S
	디플리션형	G⊣|D |S	G⊣|D |S

〔그림 1〕 접합형 회로의 예

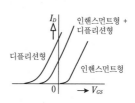

〔그림 2〕 MOS형 V_{GS}-I_D 특성

제어공학

바이폴라(양극성) 트랜지스터는 입력 전류로 출력 전류를 제어하는 소자이다.

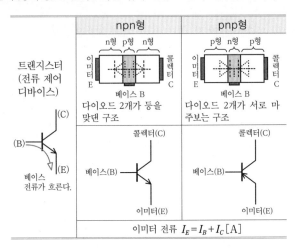

	npn형	pnp형
트랜지스터 (전류 제어 디바이스)	n형 p형 n형 이미터 E — 베이스 B — 콜렉터 C 다이오드 2개가 등을 맞댄 구조	p형 n형 p형 이미터 E — 베이스 B — 콜렉터 C 다이오드 2개가 서로 마주보는 구조
(C) (B) (E) 베이스 전류가 흐른다.	콜렉터(C) 베이스(B) 이미터(E)	콜렉터(C) 베이스(B) 이미터(E)
	이미터 전류 $I_E = I_B + I_C$ [A]	

06
전기설비
기술기준

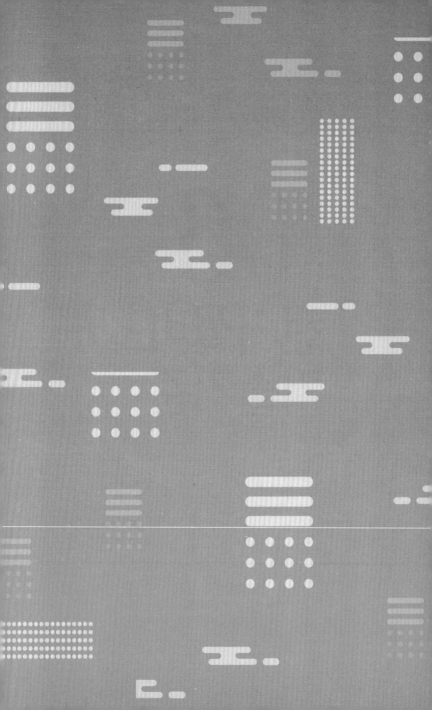

핵심 이론

테마 01 전압의 구분

① **저압** : 교류 1[kV] 이하, 직류 1.5[kV] 이하
② **고압** : 교류 1[kV], 직류 1.5[kV] 초과하고 7[kV] 이하
③ **특고압** : 7[kV] 초과

테마 02 전선

(1) 전선의 식별

상(문자)	색 상
L1	갈색
L2	검은색
L3	회색
N	파란색
보호도체	녹색-노란색

(2) 전선의 접속
① 전기저항을 증가시키지 아니하도록 접속할 것
② 세기를 20[%] 이상 감소시키지 아니할 것
③ 절연효력이 있는 것으로 충분히 피복할 것
④ 코드 접속기 · 접속함, 기타의 기구를 사용할 것
⑤ 전기적 부식이 생기지 않도록 할 것
⑥ 두 개 이상의 전선을 병렬로 사용할 것
  ㉠ 동선 50[mm²] 이상, 알루미늄 70[mm²] 이상
  ㉡ 동일한 터미널러그에 완전히 접속할 것
  ㉢ 2개 이상의 나사 접속할 것

(1) 전로의 절연 원칙
① 전로는 대지로부터 절연
② 절연하지 않아도 되는 경우 : 접지점, 시험용 변압기, 전기로

(2) 전로의 절연저항 및 절연내력
① 누설전류 : 1[mA] 이하

$$I_g \leq 최대공급전류(I_m)의 \frac{1}{2,000}[A]$$

② 저압 전로의 절연성능

전로의 사용전압[V]	DC시험전압[V]	절연저항[MΩ]
SELV 및 PELV	250	0.5
FELV, 500[V] 이하	500	1.0
500[V] 초과	1,000	1.0

※ 특별저압으로 SELV(비접지회로) 및 PELV(접지회로)은 1차와 2차가 전기적으로 절연된 회로 FELV는 1차와 2차가 전기적으로 절연되지 않은 회로

③ 절연내력
  ㉠ 정한 시험전압을 전로와 대지 사이에 10분간
  ㉡ 정한 시험전압의 2배의 직류전압을 전로와 대지 사이에 10분간

전로의 종류(최대사용전압)		시험전압
7[kV] 이하		1.5배(최저 500[V])
중성선 다중 접지하는 것		0.92배
7[kV] 초과 60[kV] 이하		1.25배(최저 10,500[V])
60[kV] 초과	중성점 비접지식	1.25배
	중성점 접지식	1.1배(최저 75[kV])
	중성점 직접 접지식	0.72배
170[kV] 초과 중성점 직접 접지		0.64배

(3) 변압기 전로의 절연내력

① 접지하는 곳

   ⊙ 시험되는 권선의 중성점 단자

   ⓒ 다른 권선의 임의의 1단자

   ⓒ 철심 및 외함

② **시험하는 곳** : 시험되는 권선의 중성점 단자 이외의 임의의 1단자와 대지 간

테마 01 │ 접지시스템의 구분 및 종류

① **접지시스템** : 계통접지, 보호접지, 피뢰시스템 접지
② **접지시스템의 시설 종류** : 단독접지, 공통접지, 통합접지

테마 02 │ 접지시스템의 시설

(1) 접지시스템
① 접지극, 접지도체, 보호도체 및 기타 설비
② **접지극** : 접지도체를 사용하여 주접지단자에 연결한다.

(2) 접지극의 시설 및 접지저항
① 접지극의 재료 및 최소 굵기 등은 저압전기설비에 따른다(피뢰시스템의 접지는 접지시스템을 우선 적용한다).
② **접지극** : 콘크리트에 매입, 토양에 매설
③ **접지극의 매설**
　　㉠ 토양을 오염시키지 않아야 하며, 가능한 다습한 부분에 설치
　　㉡ 지하 0.75[m] 이상 매설
　　㉢ 철주의 밑면으로부터 0.3[m] 이상 또는 금속체로부터 1[m] 이상
④ **수도관 접지극 사용**
　　㉠ 내경 75[mm] 이상에서 내경 75[mm] 미만인 수도관 분기
　　　• 5[m] 이하 : 3[Ω]
　　　• 5[m] 초과 : 2[Ω]
　　㉡ 비접지식 고압전로 외함 접지공사 전기저항값 2[Ω] 이하

(3) 접지도체
① 보호도체 이상
② 구리는 6[mm²] 이상, 철제는 50[mm²] 이상

③ 지하 0.75[m]부터 지표상 2[m]까지 합성수지관(두께 2[mm] 미만 제외) 또는 몰드로 덮어야 한다.
④ 절연전선 또는 케이블 사용
⑤ 접지도체의 굵기
  ㉠ 특고압·고압 전기설비용 접지도체 : 단면적 6[mm²] 이상
  ㉡ 중성점 접지용 접지도체 : 단면적 16[mm²] 이상 다만, 다음의 경우에는 공칭단면적 6[mm²] 이상
    • 7[kV] 이하 전로
    • 22.9[kV] 중성선 다중 접지 전로
  ㉢ 이동하여 사용하는 전기기계기구의 금속제 외함
    • 특고압·고압-캡타이어 케이블(3종 및 4종)-단면적 10[mm²] 이상
    • 저압
    -다심 1개 도체의 단면적이 0.75[mm²] 이상
    -연동연선은 1개 도체의 단면적이 1.5[mm²] 이상

(4) 보호도체
① 보호도체의 최소 단면적

상도체의 단면적 ([mm²], 구리)	보호도체의 최소 단면적 ([mm²], 구리)
$S \leq 16$	S
$16 < S \leq 35$	16
$S < 35$	$S/2$

② 보호도체의 단면적(차단시간 5초 이하) : $S = \dfrac{\sqrt{I^2 t}}{k}$ [mm²]
③ 보호도체의 종류
  ㉠ 다심케이블의 도체
  ㉡ 절연도체 또는 나도체
  ㉢ 금속케이블 외장, 케이블 차폐, 전선묶음, 동심도체, 금속관
④ 보호도체의 단면적 보강 : 구리 10[mm²], 알루미늄 16[mm²] 이상
⑤ 보호도체와 계통도체 겸용
  ㉠ 겸용도체는 고정된 전기설비에서만 사용
  ㉡ 단면적 : 구리 10[mm²] 또는 알루미늄 16[mm²] 이상

208

(5) 수용가 접지

① 저압수용가 : 인입구 접지

  ㉠ 중성선 또는 접지측 전선에 추가 접지, 지중에 매설, 건물의 철골 3[Ω] 이하

  ㉡ 접지도체는 공칭단면적 6[mm²] 이상

② 주택 등 저압수용장소 접지

  ㉠ TN-C-S 방식인 경우 보호도체

    • 보호도체의 최소 단면적 이상

    • PEN은 고정 전기설비에 사용하고, 구리 10[mm²], 알루미늄 16[mm²] 이상

  ㉡ 감전보호용 등전위 본딩

(6) 변압기 중성점 접지

① 중성점 접지저항값

  ㉠ 1선 지락전류로 150을 나눈 값과 같은 저항값

  ㉡ 저압 전로의 대지전압이 150[V]를 초과하는 경우

    • 1초 초과 2초 이내 차단하는 장치를 설치할 때 300

    • 1초 이내 차단하는 장치를 설치할 때 600

② 공통접지 및 통합접지

  ㉠ 저압설비 허용상용주파 과전압

지락고장시간[초]	과전압[V]	비 고
>5	$U_0 + 250$	U_0 : 선간전압
≤5	$U_0 + 1,200$	

  ㉡ 서지보호장치 설치

테마 03 감전보호용 등전위 본딩

(1) 등전위 본딩의 적용

① 건축물·구조물에서 접지도체, 주접지단자와 도전성 부분

② 주접지단자에 보호등전위 본딩도체, 접지도체, 보호도체, 기능성 접지 도체를 접속

(2) 등전위 본딩도체

① 가장 큰 보호접지도체 단면적의 0.5배 이상

  ㉠ 구리 도체 6[mm²]

  ㉡ 알루미늄 도체 16[mm²]

  ㉢ 강철 도체 50[mm²]

② 보조 보호등전위 본딩도체 : 보호도체의 0.5배 이상

테마 01 피뢰시스템의 적용범위 및 구성

① 지상으로부터 높이가 20[m] 이상
② 저압 전기전자설비
③ 고압 및 특고압 전기설비

테마 02 외부 피뢰시스템

(1) 수뢰부
① 돌침, 수평도체, 그물망(메시)도체의 요소 중에 한 가지 또는 이를 조합
② 수뢰부시스템의 배치
③ 높이 60[m]를 초과하는 건축물·구조물의 측격뢰 보호용

(2) 인하도선
① 수뢰부시스템과 접지시스템을 연결, 복수의 인하도선을 병렬로 구성
② 배치방법
　㉠ 건축물·구조물과 분리된 경우
　　•뇌전류의 경로가 보호대상물에 접촉하지 않도록 한다.
　　•1조 이상의 인하도선을 시설한다
　㉡ 건축물·구조물과 분리되지 않은 경우
　　•벽이 불연성 재료 : 벽의 표면 또는 내부에 시설
　　•벽이 가연성 재료 : 0.1[m], 불가능하면 100[mm²]
　　•인하도선의 수는 2조 이상
　　•병렬 인하도선의 최대 간격 : Ⅰ·Ⅱ등급 10[m], Ⅲ등급 15[m], Ⅳ 등급 20[m]

전기설비기술기준

(3) 접지극시스템

① **접지극** : 수평 또는 수직 접지극(A형) 또는 환상도체 접지극 또는 기초 접지극(B형) 중 하나 또는 조합

② **접지극시스템 배치**
  ㉠ 2개 이상을 동일 간격으로 배치
  ㉡ 접지저항 10[Ω] 이하

③ **접지극 시설** : 지표면에서 0.75[m] 이상 깊이로 매설

테마 03 내부 피뢰시스템

① 낙뢰에 대한 보호
② 전기적 절연
③ 전기전자설비의 접지·본딩으로 보호
④ 서지보호장치 시설

(1) 계통접지 구성

① 보호도체 및 중성선의 접속방식에 따른 접지계통

② TN 계통, TT 계통, IT 계통

(2) TN 계통

전원측의 한 점을 대지로 직접접지, 노출도전부는 PE도체로 전원측에 접속

① **TN-S 계통** : 별도의 중성선 또는 PE도체를 사용

② **TN-C 계통** : 중성선과 보호도체의 기능을 동일 도체로 겸용한 PEN도체 사용

③ **TN-C-S 계통** : 계통의 일부분에서 PEN도체 사용, 중성선과 별도의 PE도체 사용

(3) TT 계통

전원측의 한 점을 대지로 직접 접지, 노출도전부는 독립적인 접지극에 접속

(4) IT 계통

전원측의 한 점을 대지로부터 절연 또는 임피던스를 통해 대지에 접속. 노출도전부는 독립적인 접지극에 접속

(1) 보호대책 일반 요구사항

① 안전을 위한 전압 규정

ㄱ 교류 전압 : 실효값

ㄴ 직류 전압 : 리플프리

전기설비기술기준

② **보호대책** : 기본보호와 고장보호를 독립적으로 적절하게 조합
③ 외부 영향의 조건을 고려하여 적용

(2) 누전차단기 시설
50[V] 초과하는 기계기구로 사람이 쉽게 접촉할 우려가 있는 곳

(3) 기능적 특별저압(FELV)
① 기본보호
　㉠ 공칭전압에 대응하는 기본절연
　㉡ 격벽 또는 외함
② 고장보호

(4) 특별저압에 의한 보호
특별저압 계통의 전압한계는 건축전기설비의 전압밴드에 의한 전압밴드 I의 상한값인 교류 50[V] 이하, 직류 120[V] 이하

테마 03 과전류에 대한 보호

① 중성선을 차단 및 재연결(재폐로)하는 회로의 경우에 설치하는 개폐기 및 차단기는 차단 시에는 중성선이 선도체보다 늦게 차단되어야 하며, 재연결(재폐로) 시에는 선도체와 동시 또는 그 이전에 재연결(재폐로) 되는 것을 설치
② **단락보호장치의 특성** : 정격차단용량은 단락전류 보호장치 설치점에서 예상되는 최대 크기의 단락전류보다 커야 한다.

테마 04 전로 중의 개폐기 및 과전류 차단장치의 시설

(1) 개폐기의 시설
① 각 극에 설치
② 사용전압이 다른 개폐기는 상호 식별이 용이하도록 시설

(2) 옥내전로 인입구에서의 개폐기의 시설

16[A] 이하 과전류 차단기 또는 20[A] 이하 배선차단기에 접속하는 길이 15[m] 이하는 인입구의 개폐기 시설을 아니할 수 있다.

(3) 보호장치의 특성
① 과전류 차단기로 저압 전로에 사용하는 범용의 퓨즈

정격전류	시간	정격전류의 배수	
		불용단 전류	용단 전류
4[A] 이하	60분	1.5배	2.1배
4[A] 초과 16[A] 미만	60분	1.5배	1.9배
16[A] 이상 63[A] 이하	60분	1.25배	1.6배
이하 생략			

② 배선차단기 과전류 트립 동작시간 및 특성

정격전류	시간	산업용		주택용	
		부동작 전류	동작 전류	부동작 전류	동작 전류
63[A] 이하	60분	1.05배	1.3배	1.13배	1.45배
63[A] 초과	120분				

(4) 고압 및 특고압 전로의 과전류 차단기 시설
① 포장 퓨즈 : 1.3배 견디고, 2배에 120분 안에 용단
② 비포장 퓨즈 : 1.25배 견디고, 2배에 2분 안에 용단

(5) 과전류 차단기의 시설 제한
① 접지공사의 접지도체
② 다선식 전로의 중성선
③ 전로의 일부에 접지공사를 한 저압 가공전선로의 접지측 전선

(6) 저압 전동기 보호용 과전류 보호장치의 시설
① 0.2[kW] 초과 : 자동적으로 이를 저지, 경보장치
② 시설하지 않는 경우

㉠ 운전 중 상시 취급자가 감시

㉡ 전동기가 손상될 수 있는 과전류가 생길 우려가 없는 경우

㉢ 단상 전동기로 과전류 차단기의 정격전류가 16[A](배선차단기는 20[A]) 이하인 경우

테마 01 저압 옥내배선의 사용전선 및 중성선의 굵기

① 2.5[mm²] 이상 연동선
② 전광표시장치 제어회로 등 배선 1.5[mm²] 이상 연동선
③ 단면적 0.75[mm²] 이상 코드 또는 캡타이어 케이블
④ 중성선의 단면적
　　㉠ 구리선 16[mm²]
　　㉡ 알루미늄선 25[mm²]

테마 02 나전선 사용 제한(사용 가능한 경우)

① 애자공사
　　㉠ 전기로용 전선
　　㉡ 전선의 피복 절연물이 부식하는 장소
　　㉢ 취급자 이외의 자가 출입할 수 없도록 설비한 장소
② 버스덕트공사 및 라이팅덕트공사
③ 접촉전선

테마 03 배선설비공사의 종류

(1) 애자공사
① 절연전선(옥외용, 인입용 제외)
② 전선 상호 간격 6[cm] 이상
③ 전선과 조영재 2.5[cm] 이상, 400[V] 이상 4.5[cm](건조한 장소 2.5[cm]) 이상
④ 애자는 절연성, 난연성 및 내수성
⑤ 전선 지지점 간 거리

전기설비기술기준

ⓐ 조영재 윗면 또는 옆면에 따라 붙일 경우 2[m] 이하

ⓑ 따라 붙이지 않을 경우 6[m] 이하

(2) 합성수지 몰드공사

① 절연전선(옥외용 제외)

② 전선 접속점이 없도록 한다.

③ 홈의 폭 및 깊이 3.5[cm] 이하(단, 사람이 쉽게 접촉할 위험이 없으면 5[cm] 이하)

(3) 합성수지관공사

① 전선은 연선(옥외용 제외) 사용, 연동선 10[mm²], 알루미늄선 16[mm²] 이하 단선 사용

② 전선관 내 전선 접속점이 없도록 한다.

③ 관을 삽입하는 길이 : 관 외경 1.2배(접착제 사용 0.8배)

④ 관 지지점 간 거리 : 1.5[m] 이하

(4) 금속관공사

① 전선은 연선(옥외용 제외) 사용, 연동선 10[mm²], 알루미늄선 16[mm²] 이하 단선 사용

② 금속관 내 전선 접속점이 없도록 한다.

③ 관의 두께 : 콘크리트에 매설 1.2[mm]

(5) 금속몰드공사

폭은 5[cm] 이하, 두께는 0.5[mm] 이상

(6) 가요전선관공사

① 전선은 연선(옥외용 제외) 사용

② 전선관 내 접속점이 없도록 하고, 2종 금속제 가요전선관일 것

③ 1종 금속제 가요전선관은 두께 0.8[mm] 이상

(7) 금속덕트공사

① 전선 단면적의 총합은 덕트의 내부 단면적의 20[%](제어회로 배선

50[%]) 이하

② 폭 4[cm] 이상, 두께 1.2[mm] 이상

③ 지지점 간 거리 3[m](수직 6[m]) 이하

(8) 버스덕트공사

① 단면적 20[mm²] 이상의 띠

② 지름 5[mm] 이상의 관

③ 단면적 30[mm²] 이상의 띠 모양의 알루미늄

(9) 라이팅덕트공사

지지점 간 거리는 2[m] 이하

(10) 케이블공사

① 지지점 간 거리 2[m](수직 6[m]), 캡타이어 케이블 1[m] 이하

② **수직 케이블의 시설**

  ㉠ 동 25[mm²] 이상, 알루미늄 35[mm²] 이상

  ㉡ 안전율 4 이상

  ㉢ 진동방지장치 시설

(11) 케이블 트레이공사

① **종류** : 사다리형, 펀칭형, 그물망형(메시형), 바닥 밀폐형

② 케이블 트레이의 안전율은 1.5 이상

테마 04 옥내 저압 접촉전선 배선

① 애자공사 또는 버스덕트공사 또는 절연 트롤리공사

② 전선의 바닥에서의 높이는 3.5[m] 이상

③ 전선과 건조물 간격(이격거리)은 위쪽 2.3[m] 이상, 1.2[m] 이상

④ **전선**

  ㉠ 400[V] 이상 : 인장강도 11.2[kN], 6[mm] 이상 경동선, 28[mm²] 이상

  ㉡ 400[V] 미만 : 인장강도 3.44[kN], 3.2[mm] 이상 경동선, 8[mm²] 이상

⑤ 전선의 지지점 간의 거리는 6[m] 이하

제6장 조명설비

테마 01 등기구의 시설-설치 시 고려사항

① 기동 전류
② 고조파 전류
③ 보상
④ 누설전류
⑤ 최초 점화 전류
⑥ 전압강하

테마 02 코드의 사용

① 조명용 전원코드 및 이동전선으로 사용
② 건조한 상태 내부에 배선할 경우는 고정배선
③ 사용전압 400[V] 이하의 전로에 사용

테마 03 코드 및 이동전선

단면적 0.75[mm²] 이상

테마 04 코드 또는 캡타이어 케이블의 접속

(1) 옥내배선과의 접속
① 점검할 수 없는 은폐장소에는 시설하지 말 것
② 꽂음 접속기 사용
③ 중량이 걸리지 않도록 할 것

(2) 코드 상호 또는 캡타이어 케이블 상호의 접속

① 코드 접속기, 접속함 및 기타 기구를 사용

② 단면적 10[mm²] 이상 전선접속법을 따른다.

(3) 전기사용 기계기구와의 접속

① 2중 너트, 스프링와셔 및 나사풀림 방지

② 기구단자가 누름나사형, 클램프형, 단면적 10[mm²] 초과하는 단선 또는 단면적 6[mm²] 초과하는 연선에 터미널러그 부착

테마 05 콘센트의 시설

① 배선용 꽂음 접속기에 적합한 제품을 사용

   ㉠ 노출형 : 조영재에 견고하게 부착

   ㉡ 매입형 : 난연성 절연물로 된 박스 속에 시설

   ㉢ 바닥에 시설하는 경우 : 방수구조의 플로어박스 설치

   ㉣ 인체가 물에 젖어있는 상태에서 전기를 사용하는 장소 : 인체감전 보호용 누전차단기(15[mA] 이하, 0.03초 이하 전류동작형) 또는 절연변압기(정격용량 3[kVA] 이하)

② 주택의 옥내 전로에는 접지극이 있는 콘센트 사용

테마 06 점멸기의 시설

① 전로의 비접지측에 시설, 배선차단기는 점멸기로 대용

② 조영재에 매입할 경우 난연성 절연물의 박스에 넣어 시설

③ 욕실 내는 점멸기를 시설하지 말 것

④ **가정용 전등** : 등기구마다 시설

⑤ **공장 · 사무실 · 학교 · 상점** : 전등군마다 시설

⑥ **객실수가 30실 이상** : 자동, 반자동 점멸장치

⑦ **타임스위치 시설**(센서등)

   ㉠ 숙박업에 이용되는 객실의 입구등 : 1분 이내 소등

   ㉡ 일반주택 및 아파트 각 호실의 현관등 : 3분 이내 소등

① 건조한 장소, 사용전압이 400[V] 이하
② 단면적 0.75[mm²] 이상의 코드 캡타이어 케이블

① 대지전압 300[V] 이하
② 분기회로는 20[A] 과전류 차단기(배선차단기 포함)

(1) 적용범위
① 대지전압은 300[V] 이하
② 방전등용 안정기는 조명기구에 내장

(2) 방전등용 안정기
① 조명기구의 외부에 시설
    ㉠ 안정기를 견고한 내화성의 외함 속
    ㉡ 노출장소에 시설할 경우는 외함을 가연성의 조영재에서 1[cm] 이
       상 이격하여 견고하게 부착
② 방전등용 안정기를 물기 등이 유입될 수 있는 곳에 설치할 경우 방수형

(3) 방전등용 변압기(절연변압기)
    사용전압 400[V] 초과인 경우는 방전등용 변압기를 사용

(4) 관등회로의 배선
① 공칭단면적 2.5[mm²] 이성의 연동신
② 합성수지관공사 · 금속관공사 · 가요전선관공사 · 케이블공사

① 수중에 방호장치
② 1차 전압 400[V] 이하, 2차 전압 150[V] 이하 절연변압기
③ **절연변압기 2차측** : 개폐기 및 과전류 차단기, 금속관공사
④ **2차 전압**
　ㄱ 30[V] 이하 : 접지공사 한 혼촉방지판 사용
　ㄴ 30[V] 초과 : 지락 시 자동차단
⑤ 전선은 단면적 2.5[mm²](수중 이외 0.75[mm²]) 이상

테마 11 교통신호등

① 사용전압 300[V] 이하
② 공칭단면적 2.5[mm²] 연동선을 인장강도 3.7[kN]의 금속선 또는 지름 4[mm] 이상의 철선을 2가닥 이상을 꼰 금속선에 매달 것
③ 인하선 지표상 2.5[m] 이상

테마 01 전기울타리

① 전기울타리는 사람이 쉽게 출입하지 아니하는 곳
② 사용전압 250[V] 이하
③ **전선** : 인장강도 1.38[kN] 이상, 지름 2[mm] 이상 경동선
④ 기둥과의 간격(이격거리) 2.5[cm] 이상, 수목과의 간격 30[cm]

테마 02 전기욕기

① **사용전압** : 1차 대지전압 300[V] 이하, 2차 사용전압 10[V] 이하
② 전극에는 2.5[mm²] 이상 연동선, 케이블 단면적 1.5[mm²] 이상
③ 욕탕 안의 전극 간 거리는 1[m] 이상

테마 03 은이온 살균장치

① 금속제 외함 및 전선을 넣는 금속관에는 접지공사
② 단면적 1.5[mm²] 이상 캡타이어 코드

테마 04 전극식 온천승온기

① 사용전압 400[V] 미만 절연변압기 사용
② 차폐장치에서 수관에 따라 1.5[m]까지는 절연성 및 내수성
③ 철심 및 외함과 차폐장치의 전극에는 접지공사

테마 05 전기온상 등

① 대지전압 : 300[V] 이하
② 전선 : 전기온상선
③ 발열선 온도 : 80[℃] 이하

테마 06 엑스선 발생장치의 전선 간격

① 100[kV] 이하 : 45[cm] 이상
② 100[kV] 초과 : 45[cm]에 10[kV] 단수마다 3[cm] 더한 값

테마 07 전격 살충기

① 지표상 또는 마루 위 3.5[m] 이상
② 다른 시설물 또는 식물 사이의 간격(이격거리)은 30[cm] 이상

테마 08 놀이용(유희용) 전차시설

① 사용전압 직류 60[V] 이하, 교류 40[V] 이하
② 접촉전선은 제3레일 방식

테마 09 아크 용접기

① 1차측 대지전압 300[V], 개폐기가 있는 절연변압기
② 용접변압기에서 용접 케이블 사용

테마 10 소세력 회로

① 1차 : 대지전압 300[V] 이하 절연변압기
② 2차 : 사용전압 60[V] 이하

테마 11 전기부식방지 시설

① 사용전압은 직류 60[V] 이하
② 지중에 매설하는 양극의 매설깊이 75[cm] 이상
③ **전선** : 2.0[mm] 절연 경동선
④ **지중** : 4.0[mm²]의 연동선(양극 2.5[mm²])
⑤ 수중에는 양극과 주위 1[m] 이내 임의점과의 사이의 전위차는 10[V] 이하
⑥ 1[m] 간격의 임의의 2점간의 전위차가 5[V] 이하

테마 12 전기자동차 전원설비

① 전용 개폐기 및 과전류 차단기를 각 극에 시설, 지락 차단
② 옥내에 시설하는 저압용 배선기구의 시설
③ **충전장치** : 부착된 충전 케이블을 거치할 수 있는 거치대 또는 충분한 수납공간(옥내 0.45[m] 이상, 옥외 0.6[m] 이상)
④ 충전 케이블 인출부
    ㉠ 옥내용 : 지면에서 0.45[m] 이상 1.2[m] 이내
    ㉡ 옥외용 : 지면에서 0.6[m] 이상

테마 13 위험장소

(1) 폭연성 먼지(분진)
① 금속관 또는 케이블공사
② 금속관은 박강 전선관 이상, 5턱 이상 나사조임 접속

(2) 가연성 먼지(분진)
  합성수지관(두께 2[mm] 미만 제외)·금속관 또는 케이블공사

(3) 가연성 가스
  금속관 또는 케이블공사(캡타이어 케이블 제외)

(4) 화약류 저장소

① 전로에 대지전압은 300[V] 이하

② 전기기계기구는 전폐형

③ 인입구에서 케이블이 손상될 우려가 없도록 시설

테마 14 전시회, 쇼 및 공연장의 전기설비

① 사용전압 400[V] 이하

② 배선용 케이블은 구리도체로 최소 단면적 1.5[mm²]

테마 15 터널, 갱도, 기타 이와 유사한 장소

① 단면적 2.5[mm²] 연동선, 노면상 2.5[m] 이상

② 전구선 또는 이동전선 등의 시설 : 단면적 0.75[mm²] 이상

① 고장지속시간 5초 이하 1,200[V] 이하
② 고장지속시간 5초 초과 250[V] 이하

(1) 고압 또는 특고압과 저압의 혼촉
① 특고압 전로와 저압 전로를 결합 : 접지저항값이 10[Ω] 이하
② 가공 공동지선
  ㉠ 인장강도 5.26[kN], 직경 4[mm] 이상 경동선의 가공 접지선을 저압 가공전선에 준하여 시설
  ㉡ 변압기 시설 장소에서 200[m]
  ㉢ 변압기를 중심으로 지름 400[m]
  ㉣ 합성 전기저항치는 1[km]마다 규정의 접지저항값 이하
  ㉤ 각 접지선의 접지저항치 : $R = \dfrac{150}{I} \times n \leqq 300\,[\Omega]$
  ㉥ 저압 가공전선의 1선을 겸용

(2) 혼촉방지판이 있는 변압기에 접속하는 저압 옥외전선의 시설 등
① 저압전선은 1구내 시설
② 전선은 케이블
③ 병가하지 말 것(케이블 병가 가능)

(3) 특고압과 고압의 혼촉 등에 의한 위험방지시실
① 고압측 단자 가까운 1극에 사용전압의 3배 이하에 방전
② 피뢰기를 고압 전로의 모선에 시설하면 정전방전장치 생략

(1) 목적

① 보호장치의 확실한 동작 확보

② 이상전압 억제 및 대지전압 저하

(2) 접지도체는 공칭단면적 16[mm²] 이상 연동선
  (저압 전로의 중성점 6[mm²] 이상)

(1) 유도장해의 방지

① 고 · 저압 가공전선의 유도장해 방지

  ㉠ 약전류 전선과 2[m] 이상 이격

  ㉡ 가공 약전류 전선에 장해를 줄 우려가 있는 경우

   • 간격(이격거리) 증가

   • 교류식 가공전선 연가

   • 인장강도 5.26[kN] 이상 또는 직경 4[mm]의 경동선 2가닥 이상 시설하고 접지공사

② 특고압 가공전선로의 유도장해 방지

  ㉠ 사용전압 60[kV] 이하 : 전화선로 길이 12[km]마다 유도전류가 2[A] 이하

  ㉡ 사용전압 60[kV] 초과 : 전화선로 길이 40[km]마다 유도전류가 3[A] 이하

(2) 지지물의 철탑오름 및 전주오름 방지

  발판 볼트 등을 지표상 1.8[m] 이상

(3) 풍압하중의 종별과 적용

① 풍압하중의 종별

  ㉠ 갑종 풍압하중

구 분		풍압하중
지지물	원형 지지물	588[Pa]
	철주(강관)	1,117[Pa]
	철탑(강관)	1,255[Pa]
전선	다도체	666[Pa]
	기타(단도체)	745[Pa]
애자장치		1,039[Pa]
완금류		1,196[Pa]

ⓒ 을종 풍압하중 : 두께 6[mm], 비중 0.9의 빙설이 부착한 경우 갑
종 풍압의 50[%] 적용
ⓒ 병종 풍압하중
- 갑종 풍압의 50[%]
- 인가가 많이 이웃 연결(연접)되어 있는 장소

② 풍압하중 적용

구 분	고온계	저온계
빙설이 많은 지방	갑종	을종
빙설이 적은 지방	갑종	병종

(4) 가공전선로 지지물의 기초

① 기초 안전율 2 이상(이상 시 상정하중에 대한 철탑의 기초에 대하여서
는 1.33 이상)

② 기초 안전율 2 이상을 고려하지 않는 경우

[A종(16[m] 이하, 설계하중 6.8[kN]인 철근콘크리트주)]

ㄱ 길이 15[m] 이하 : 길이의 $\frac{1}{6}$ 이상

ㄴ 길이 15[m] 초과 : 2.5[m] 이상

ㄷ 전주 버팀대(근가)시설

③ 설계하중 6.8[kN] 초과 9.8[kN] 이하 : 기준보다 30[cm]를 더한 값

④ 설계하중 9.8[kN] 초과 : 기준보다 50[cm]를 더한 값

(5) 지지물의 구성 등

① 철주 또는 철탑의 구성 등 강판·형강·평강·봉강·강관 또는 리벳트재

② 목주의 안전율

ㄱ 저압 : 풍압하중의 1.2배 하중

ㄴ 고압 : 1.3 이상

ㄷ 특고압 : 1.5 이상

(6) 지지선(지선)의 시설

① 지지선(지선)의 사용 : 철탑은 지지선(지선)을 이용하여 강도를 분담시
켜서는 안 된다.

② 지지선(지선)의 시설
- ㉠ 지지선(지선)의 안전율 : 2.5 이상
- ㉡ 허용인장하중 : 4.31[kN]
- ㉢ 소선 3가닥 이상 연선
- ㉣ 소선은 지름 2.6[mm] 이상 금속선
- ㉤ 지중 부분 및 지표상 30[cm]까지 부분에는 아연도금 철봉
- ㉥ 도로 횡단 지지선(지선) 높이 : 지표상 5[m] 이상

(7) 구내 인입선
① 저압 가공 인입선 시설
- ㉠ 인장강도 2.30[kN] 이상, 지름 2.6[mm] 경동선(단, 지지점 간 거리 15[m] 이하, 지름 2[mm] 경동선)
- ㉡ 절연전선, 다심형 전선, 케이블
- ㉢ 전선 높이
  - •도로 횡단 : 노면상 5[m]
  - •철도 횡단 : 레일면상 6.5[m]
  - •횡단보도교 위 : 노면상 3[m]
  - •기타 : 지표상 4[m]
② 저압 이웃 연결(연접) 인입선 시설
- ㉠ 인입선에서 분기하는 점으로부터 100[m] 이하
- ㉡ 폭 5[m]를 초과하는 도로를 횡단하지 아니할 것
- ㉢ 옥내를 통과하지 아니할 것

(8) 고압 인입선 등 시설
① 인장강도 8.01[kN] 이상 고압 절연전선, 특고압 절연전선 또는 지름 5[mm]의 경동선 또는 케이블
② 지표상 5[m] 이상
③ 케이블, 위험표시를 하면 지표상 3.5[m]까지로 감할 수 있다.
④ 이웃 연결(연접) 인입선은 시설하여서는 아니 된다.

(9) 특고압 인입선 등의 시설
100[kV] 이하, 케이블 사용

(1) 가공 케이블의 시설

① 조가선

　㉠ 인장강도 5.93[kN] 이상(특고압 가공케이블인 경우 13.93[kN]), 단
　　면적 22[mm²] 이상인 아연도강연선

　㉡ 접지공사

② 행거 간격 0.5[m], 금속테이프 0.2[m] 이하

(2) 전선의 세기·굵기 및 종류

① 전선의 종류

　㉠ 저압 가공전선 : 절연전선, 다심형 전선, 케이블, 나전선(중성선에 한함)

　㉡ 고압 가공전선 : 고압 절연전선, 특고압 절연전선 또는 케이블

② 전선의 굵기 및 종류

　㉠ 400[V] 이하 : 인장강도 3.43[kN], 지름 3.2[mm]

　　(절연전선 인장강도 2.3[kN], 지름 2.6[mm] 이상)

　㉡ 400[V] 초과인 저압 또는 고압 가공전선

　　• 시가지 : 인장강도 8.01[kN] 또는 지름 5[mm] 이상

　　• 시가지 외 : 인장강도 5.26[kN] 또는 지름 4[mm] 이상

　㉢ 특고압 가공전선 : 인장강도 8.71[kN] 이상 또는 단면적 22[mm²]
　　이상의 경동연선

③ 가공전선의 안전율 : 경동선 또는 내열 동합금선은 2.2 이상, 그 밖의
　전선은 2.5 이상

(3) 가공전선의 높이

① 고·저압

　㉠ 지표상 5[m] 이상(교통에 지장이 없는 경우 4[m] 이상)

　㉡ 도로 횡단 : 지표상 6[m] 이상

　㉢ 철도 또는 궤도를 횡단 : 레일면상 6.5[m] 이상

　㉣ 횡단보도교 노면상 3.5[m](저압 절연전선 3[m])

② 특고압 지표상 6[m](철도 6.5[m], 산지 5[m])에 160[kV]를 초과하는
　10[kV] 또는 그 단수마다 0.12[m]를 더한 값

(4) 가공지선
① **고압 가공전선로** : 인장강도 5.26[kN] 이상 나선 또는 지름 4[mm] 나경동선
② **특고압 가공전선로** : 인장강도 8.01[kN] 이상 나선 또는 지름 5[mm] 이상 나경동선, 22[mm²] 이상 나경동연선, 아연도강연선 22[mm²] 또는 OPGW 전선

(5) 가공전선의 병행 설치(병가)
① **고압 가공전선 병가**
    ㉠ 저압을 고압 아래로 하고 별개의 완금을 시설
    ㉡ 간격(이격거리)은 50[cm] 이상
    ㉢ 고압 케이블 30[cm] 이상
② **특고압 가공전선 병가**
    ㉠ 특고압선과 고·저압선의 간격(이격거리)은 1.2[m] 이상. 단, 특고압 전선이 케이블이면 50[cm]까지 감할 수 있다.
    ㉡ 사용전압이 35[kV]를 넘고 100[kV] 미만인 경우
      • 제2종 특고압 보안공사
      • 간격(이격거리)은 2[m](케이블인 경우 1[m]) 이상
      • 특고압 가공전선의 굵기 : 인장강도 21.67[kN] 이상 연선 또는 50[mm²] 이상 경동선

(6) 가공전선과 가공 약전류 전선과의 공용설치(공가)
① **저·고압 공용설치(공가)**
    ㉠ 목주의 안전율 1.5 이상
    ㉡ 가공전선을 위로 하고 별개의 완금류에 시설
    ㉢ 상호 이격거리
      • 저압 75[cm] 이상
      • 고압 1.5[m] 이상
② **특고압 공용설치(공가)** : 35[kV] 이하
    ㉠ 제2종 특고압 보안공사
    ㉡ 케이블을 제외하고 인장강도 21.67[kN], 50[mm²] 이상 경동연선
    ㉢ 간격(이격거리)은 2[m](케이블 50[cm])

ⓔ 별개의 완금류 시설

ⓜ 전기적 차폐층이 있는 통신용 케이블일 것

(7) 지지물 간 거리(경간) 제한

① 지지물 종류에 따른 지지물 간 거리(경간)

지지물 종류	지지물 간 거리(경간)
목주·A종	150[m] 이하
B종	250[m] 이하
철탑	600[m] 이하

② 지지물 간 거리(경간)를 늘릴 수 있는 경우

ⓐ 고압 8.71[kN] 또는 단면적 22[mm²]

ⓑ 특고압 21.67[kN] 또는 단면적 55[mm²]

ⓒ 목주·A종은 300[m] 이하, B종은 500[m] 이하

(8) 보안공사

① 저·고압 보안공사 : 전선은 8.01[kN] 또는 지름 5[mm](400[V] 미만 5.26[kN] 이상 또는 4[mm])의 경동선

지지물 종류	지지물 간 거리(경간)
목주·A종	100[m] 이하
B종	150[m] 이하
철탑	400[m] 이하

② 특고압 보안공사

ⓐ 제1종 특고압 보안공사

• 전선의 단면적

사용전압	전 선
100[kV] 미만	인장강도 21.67[kN], 단면적 55[mm²] 이상
100[kV] 이상 300[kV] 미만	인장강도 58.84[kN], 단면적 150[mm²] 이상
300[kV] 이상	인장강도 77.47[kN], 단면적 200[mm²] 이상

•지지물 간 거리

지지물 종류	지지물 간 거리(경간)
B종	150[m] 이하
철탑	400[m] 이하

•지기 또는 단락이 생긴 경우에는 100[kV] 미만은 3초, 100[kV] 이상은 2초 차단

ⓒ 제2종 및 제3종 특고압 보안공사 지지물 간 거리(경간)

지지물 종류	지지물 간 거리(경간)
목주·A종	100[m] 이하
B종	200[m] 이하
철탑	400[m] 이하

(9) 가공전선과 건조물의 접근

① 저·고압 가공전선과 건조물의 조영재 사이의 간격(이격거리)

구 분	접근형태	간격(이격거리)
상부 조영재	위쪽	2[m](절연전선, 케이블 1[m])
	옆쪽 또는 아래쪽	1.2[m]

② 특고압 가공전선과 건조물 등과 접근 교차 간격(이격거리)

구분 접근·교차		가공전선		절연전선(케이블)
		35[kV] 이하	35[kV] 초과	35[kV] 이하
건조물	위	3[m] 이상	3+0.15*N*	2.5[m] 이상(1.2[m])
	옆, 아래			1.5[m] 이상(0.5[m])
도로				수평 간격(이격거리) 1.2[m]

여기서, *N* : 35[kV] 초과하는 10[kV] 단수

(10) 특고압 가공전선과 도로 등의 접근·교차

① 제1차 접근상태 : 제3종 특고압 보안공사

② 제2차 접근상태 : 제2종 특고압 보안공사

(11) 가공전선과 식물의 간격(이격거리)
① 저압 또는 고압 가공전선은 식물에 접촉하지 않도록 시설
② 특고압 가공전선과 식물 사이 간격(이격거리)

사용전압	간격(이격거리)
60[kV] 이하	2[m] 이상
60[kV] 초과	2+0.12N[m]

여기서, N : 60[kV] 초과하는 10[kV] 단수

테마 03 특고압 가공전선로

(1) 시가지 등에서 특고압 가공전선로의 시설(170[kV] 이하)
① 애자장치 : 50[%]의 충격 불꽃 방전(섬락)전압의 값이 타부분의 110[%]
(130[kV] 초과 105[%])
② 지지물 간 거리

지지물 종류	지지물 간 거리(경간)
A종	75[m]
B종	150[m]
철탑	400[m](전선 수평 간격 4[m] 미만 : 250[m])

③ 전선의 굵기

사용전압 구분	전선 단면적
100[kV] 미만	21.67[kN], 단면적 55[mm²] 이상의 경동연선
100[kV] 이상	58.84[kN], 단면적 150[mm²] 이상의 경동연선

④ 전선의 지표상 높이

사용전압 구분	지표상 높이
35[kV] 이하	10[m](특고압 절연전선 8[m])
35[kV] 초과	10[m]에 35[kV]를 초과하는 10[kV] 또는 그 단수마다 0.12[m]를 더한 값

⑤ 지기나 단락이 생긴 경우 : 100[kV] 초과하는 것은 1초 안에 자동차단
　　장치

(2) 특고압 가공전선로의 철주 · 철근콘크리트주 또는 철탑의 종류
① 직선형 : 3도 이하
② 각도형 : 3도 초과
③ 잡아당김(인류)형 : 잡아당기는 곳
④ 내장형 : 지지물 간 거리(경간) 차 큰 곳

(3) 특고압 가공전선과 저·고압 가공전선 등의 접근 또는 교차
① 제1차 접근상태 : 제3종 특고압 보안공사

사용전압 구분	간격(이격거리)
60[kV] 이하	2[m]
60[kV] 초과	2[m]에 사용전압이 60[kV]를 초과하는 10[kV] 또는 그 단수마다 0.12[m]를 더한 값

② 제2차 접근상태 : 제2종 특고압 보안공사

(4) 특고압 가공전선 상호 간의 접근 교차
　　제3종 특고압 보안공사

(5) 25[kV] 이하인 특고압 가공전선로 시설
① 지락이나 단락 시 : 2초 이내 전로 차단
② 중성선 다중 접지 및 중성선 시설
　　㉠ 접지선은 단면적 6[mm²]의 연동선
　　㉡ 접지한 곳 상호 간 거리 300[m] 이하
　　㉢ 1[km]마다의 중성선과 대지 사이 전기저항값

구 분	각 접지점 저항	합성 저항
15[kV] 이하	300[Ω]	30[Ω]
25[kV] 이하	300[Ω]	15[Ω]

　　㉣ 중성선은 저압 가공전선 시설에 준한다.

ⓜ 저압 접지측 전선이나 중성선과 공용

③ **식물 사이의 간격(이격거리) : 1.5[m] 이상**

(6) 지중전선로

① **지중전선로 시설**

　㉠ 케이블 사용

　㉡ 관로식, 암거식, 직접 매설식

　㉢ 매설깊이

　　• 관로식, 직접 매설식 : 1[m] 이상

　　• 중량물의 압력을 받을 우려가 없는 곳 : 0.6[m] 이상

② **지중함 시설**

　㉠ 견고하고, 차량 기타 중량물의 압력에 견디는 구조

　㉡ 지중함은 고인 물 제거

　㉢ 지중함 크기 1[m³] 이상

　㉣ 지중함의 뚜껑은 시설자 이외의 자가 쉽게 열 수 없도록 시설

③ 누설전류 또는 유도작용에 의하여 통신상의 장해를 주지 아니하도록 기설 약전류 전선로로부터 충분히 이격

④ **지중전선과 지중 약전류 전선 등 또는 관과의 접근 또는 교차**

　㉠ 상호 간의 간격(이격거리)

　　• 저압 또는 고압의 지중전선은 30[m] 이상

　　• 특고압 지중전선은 60[cm] 이상

　㉡ 가연성이나 유독성의 유체를 내포하는 관과 접근하거나 교차하는 경우 1[m] 이상

테마 04 ▶ 기계 · 기구 시설

(1) 기계 및 기구

① **특고압 배전용 변압기 시설**

　㉠ 사용전선 : 특고압 절연전선 또는 케이블

　㉡ 1차 35[kV] 이하, 2차는 저압 또는 고압

　㉢ 특고압측에 개폐기 및 과전류 차단기를 시설

② 특고압을 직접 저압으로 변성하는 변압기 시설
  ⊙ 전기로용 변압기
  ⓛ 소내용 변압기
  ⓒ 배전용 변압기
  ⓔ 10[Ω] 이하 금속제 혼촉방지판이 있는 것
  ⓜ 교류식 전기철도용 신호 변압기
③ 고압용 기계·기구의 시설
  ⊙ 울타리의 높이와 거리 합계 5[m] 이상
  ⓛ 지표상 높이 4.5[m](시가지 외 4[m]) 이상
④ 특고압용 기계·기구의 시설

사용전압	울타리 높이와 거리의 합계, 지표상 높이
35[kV] 이하	5[m]
160[kV] 이하	6[m]
160[kV] 초과	6[m]에 160[kV]를 초과하는 10[kV] 단수마다 12[cm]를 더한 값

⑤ 기계·기구의 철대 및 외함의 접지
  ⊙ 외함에는 접지공사를 한다.
  ⓛ 접지공사를 하지 아니해도 되는 경우
   • 사용전압이 직류 300[V], 교류 대지전압 150[V] 이하
   • 목재 마루, 절연성의 물질, 절연대, 고무 합성수지 등의 절연물, 2중 절연
   • 절연변압기(2차 전압 300[V] 이하, 정격용량 3[kVA] 이하)
   • 인체 감전 보호용 누전차단기 설치
    - 정격감도전류 30[mA] 이하(위험한 장소, 습기 15[mA])
    - 동작시간 0.03초 이하
    - 전류 동작형

(2) 아크를 발생하는 기구의 시설
① 고압용 : 1[m] 이상
② 특고압용 : 2[m] 이상

(3) 개폐기의 시설
① 각 극에 시설
② 개폐상태를 표시
③ 자물쇠 장치
④ 개로 방지하기 위한 조치
   ㉠ 부하전류의 유무를 표시한 장치
   ㉡ 전화기 기타의 지령장치
   ㉢ 터블렛

(4) 피뢰기 시설
① 시설 장소
   ㉠ 발전소·변전소의 가공전선 인입구 및 인출구
   ㉡ 특고압 가공전선로 배전용 변압기의 고압측 및 특고압측
   ㉢ 고압 및 특고압 가공전선로로부터 공급을 받는 수용장소
   ㉣ 가공전선로와 지중전선로가 접속되는 곳
   ㉤ 접지저항값 10[Ω] 이하

(5) 고압·특고압 옥내 설비
① 애자공사(건조하고 전개된 장소에 한함), 케이블, 트레이
② 애자공사
   ㉠ 전선은 6[mm²] 이상 연동선
   ㉡ 전선 지지점 간 거리 6[m] 이하. 조영재의 면을 따라 붙이는 경우
      2[m] 이하
   ㉢ 전선 상호 간격 8[cm], 전선과 조영재 5[cm]
   ㉣ 애자는 절연성·난연성 및 내수성
   ㉤ 저압 옥내배선과 쉽게 식별

(6) 발전소 등의 울타리·담 등의 시설
① 기계·기구, 모선 등을 옥외에 시설하는 발전소·변전소·개폐소
   ㉠ 울타리·담 등을 시설
   ㉡ 출입구에는 출입금지 표시
   ㉢ 출입구에는 자물쇠 장치 등의 장치

② 울타리·담 등
  ㉠ 울타리·담 등의 높이는 2[m] 이상
    지표면과 울타리·담 등의 하단 사이의 간격 15[cm] 이하
  ㉡ 발전소 등의 울타리·담 등의 시설 시 간격(이격거리)

사용전압	울타리 높이와 거리의 합계
35[kV] 이하	5[m]
160[kV] 이하	6[m]
160[kV] 초과	6[m]에 160[kV]를 초과하는 10[kV] 또는 그 단수마다 0.12[m]를 더한 값

(7) 특고압 전로의 상 및 접속 상태 표시
① 보기 쉬운 곳에 상별 표시
② 회선수가 2 이하 단일모선인 경우에는 그러하지 아니하다.

(8) 발전기 등의 보호장치(차단하는 장치 시설)
① 과전류나 과전압이 생긴 경우
② 용량 500[kVA] 이상 : 수차의 압유장치
③ 용량 100[kVA] 이상 : 풍차의 압유장치
④ 용량 2,000[kVA] 이상 : 수차 발전기 베어링 온도 상승
⑤ 용량 10,000[kVA] 이상 : 내부에 고장이 생긴 경우
⑥ 정격출력이 10,000[kVA] 초과 : 증기터빈 베어링 온도 상승

(9) 특고압용 변압기의 보호장치

뱅크 용량	동작조건	장치의 종류
5,000[kVA] 이상 10,000[kVA] 미만	내부 고장	자동차단 또는 경보장치
10,000[kVA] 이상	내부 고장	자동차단장치
타냉식 변압기	온도 상승	경보장치

(10) 조상설비의 보호장치

설비 종별	뱅크 용량	자동차단
전력용 커패시터 분로리액터	500[kVA] 초과 15,000[kVA] 미만	내부 고장, 과전류
	15,000[kVA] 이상	내부 고장, 과전류, 과전압
무효전력 보상장치 (조상기)	15,000[kVA] 이상	내부 고장

(11) 계측장치

① 전압 및 전류 또는 전력

② 발전기의 베어링 및 고정자의 온도

③ 정격출력이 10,000[kW]를 초과하는 증기터빈에 접속하는 발전기의 진동의 진폭

테마 01 ▶ 시설 장소

(1) 송전선로, 배전선로

(2) 발전소, 변전소 및 변환소
① 원격감시제어가 되지 않은 곳
② 2개 이상의 급전소 상호 간
③ 필요한 곳
④ 긴급연락
⑤ 발전소 · 변전소 및 개폐소와 기술원 주재소 간

(3) 중앙 급전 사령실, 정보통신실

테마 02 ▶ 전력보안통신선의 시설높이와 간격(이격거리)

① 도로 위에 시설 : 지표상 5[m]
② 도로 횡단 : 지표상 6[m]
③ 철도 횡단 : 레일면상 6.5[m]
④ 횡단보도교 : 노면상 3[m]
⑤ 기타 : 지표상 3.5[m]

테마 03 ▶ 가공전선과 첨가통신선과의 간격(이격거리)

① 고압 및 저압 가공전선 : 0.6[m](케이블 0.3[m])
② 특고압 가공전선 : 1.2[m](특고압 케이블이고, 통신선이 절연전선인 경우 0.3[m])
③ 25[kV] 이하 중성선 다중접지 선로 : 0.75[m](중성선 0.6[m])

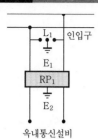

옥내통신설비

- RP₁ : 자동복구성(자복성) 릴레이 보안기
- L₁ : 교류 1[kV] 피뢰기
- E₁ 및 E₂ : 접지

1.5 이상

전기설비기술기준

memo

247

249

ㅅ

ㅈ

ㅊ

ㅋ

E

ㅍ

ㅎ

[전기기사 · 전기산업기사 / 공기업 NCS
공무원 전기직 수험생을 위한]

시험에 **꼭** 나오는
필수 전기 공식 및 용어

2020. 5. 25. 초 판 1쇄 발행
2025. 1. 8. 1차 개정증보 1판 4쇄 발행

지은이 | 후도 히로유키
감역 | 문영철 · 오우진 · 정종연
옮긴이 | 김성훈
펴낸이 | 이종춘
펴낸곳 | **BM** ㈜도서출판 **성안당**

주소 | 04032 서울시 마포구 양화로 127 첨단빌딩 3층(출판기획 R&D 센터)
10881 경기도 파주시 문발로 112 파주 출판 문화도시(제작 및 물류)

전화 | 02) 3142-0036
031) 950-6300

팩스 | 031) 955-0510
등록 | 1973. 2. 1. 제406-2005-000046호
출판사 홈페이지 | www.cyber.co.kr
ISBN | 978-89-315-2751-3 (13560)
정가 | 10,000원

이 책을 만든 사람들
책임 | 최옥현
편집 · 진행 | 박경희
교정 · 교열 | 이은화
본문 디자인 | 김인환
표지 디자인 | 박현정
홍보 | 김계향, 임진성, 김주승, 최정민
국제부 | 이선민, 조혜란
마케팅 | 구본철, 차정욱, 오영일, 나진호, 강호묵
마케팅 지원 | 장상범
제작 | 김유석

www.cyber.co.kr ★★★
성안당 Web 사이트

■ **도서 A/S 안내**

> 성안당에서 발행하는 모든 도서는 저자와 출판사, 그리고 독자가 함께 만들어 나갑니다.
> 좋은 책을 펴내기 위해 많은 노력을 기울이고 있습니다. 혹시라도 내용상의 오류나 오탈자 등이 발견되면 **"좋은 책은 나라의 보배"**로서 우리 모두가 함께 만들어 간다는 마음으로 연락주시기 바랍니다. 수정 보완하여 더 나은 책이 되도록 최선을 다하겠습니다.
> 성안당은 늘 독자 여러분들의 소중한 의견을 기다리고 있습니다. 좋은 의견을 보내주시는 분께는 성안당 쇼핑몰의 포인트(3,000포인트)를 적립해 드립니다.
> **잘못 만들어진 책이나 부록 등이 파손된 경우에는 교환해 드립니다.**